宁东典型生态脆弱矿井水资源保护性煤炭开采与矿井水资源化利用

翟　文　黄艳利　陈　芳
马　昆　李俊孟　高华东　编著

中国矿业大学出版社
·徐州·

内容提要

本书主要介绍了宁东典型生态脆弱矿井水资源保护性煤炭开采及矿井水资源化利用的原理、方法及工程实践，主要内容包括：矿区概况，宁东生态脆弱矿区水资源保护性开采与矿井水资源化模式，宁东生态脆弱矿区水文地质特征与富水性评价，宁东生态脆弱矿区水资源保护性开采原理与实践，宁东生态脆弱矿区矿井水污染处理与防控，宁东生态脆弱矿区矿井水资源化利用。

本书可作为从事采矿、地质、环境等领域的科技工作者、高校师生和煤矿生产管理者的参考用书。

图书在版编目(CIP)数据

宁东典型生态脆弱矿井水资源保护性煤炭开采与矿井水资源化利用 / 翟文等编著. —徐州：中国矿业大学出版社，2020.7

ISBN 978-7-5646-4772-8

Ⅰ. ①宁… Ⅱ. ①翟… Ⅲ. ①矿井水—水资源保护—研究—灵武②矿井水—水资源利用—研究—灵武 Ⅳ. ①TD74

中国版本图书馆 CIP 数据核字(2020)第 131329 号

书　　名　宁东典型生态脆弱矿井水资源保护性煤炭开采与矿井水资源化利用

编 著 者　翟　文　黄艳利　陈　芳　马　昆　李俊孟　高华东

责任编辑　马晓彦

出版发行　中国矿业大学出版社有限责任公司

（江苏省徐州市解放南路　邮编 221008）

营销热线　(0516)83884103　83885105

出版服务　(0516)83995789　83884920

网　　址　http://www.cumtp.com　**E-mail**:cumtpvip@cumtp.com

印　　刷　江苏凤凰数码印务有限公司

开　　本　787 mm×1092 mm　1/16　**印张** 8.5　**字数** 162 千字

版次印次　2020 年 7 月第 1 版　2020 年 7 月第 1 次印刷

定　　价　34.00 元

前　言

我国宁东地区地表水资源匮乏，生态环境脆弱。第四系松散层下广泛发育有侏罗系中统直罗组及延安组砂岩含水层，煤炭开采破坏了上覆含水层的结构，造成地下水位下降，破坏了地表的生态环境，加剧了煤炭资源开采与水资源保护间的矛盾。如何实现水资源保护性煤炭开采及矿井水资源化利用已成为宁东矿区面临的重大技术问题。

我国水资源保护性采煤思想是20世纪90年代形成的，起初是针对陕北侏罗纪煤田开采过程中，萨拉乌苏组地下水的严重渗漏与生态环境恶化而提出的。21世纪初，绿色开采的概念和技术体系逐渐形成，水资源保护性采煤作为重要的组成部分，其涵盖的问题包括如何防止采煤造成地下水资源的流失与矿井突水事故。实现水资源保护性采煤的基础理论为“上三带”和“下三带”理论，并在此基础上逐渐形成了导水裂隙带这一概念，且认为控制导水裂隙带的发育高度是实现水资源保护性采煤的关键。现有的控制导水裂隙发育的主要技术方法有充填开采、条带开采、限厚开采、分层开采、离层注浆、留设煤柱等，其中充填开采是同时实现高效率、最大化采出煤炭资源与有效控制导水裂隙带发育高度的技术方法之一。隔水关键层这一概念是在传统关键层理论的基础上提出的。隔水关键层是含水层进入采掘空间所必须穿透的岩层，并且认为控制隔水关键层的稳定性是实现水资源保护性采煤的基本方法。另外，未净化处理的矿井水大量外排加剧了干旱半干旱矿区生态环境的恶化与区域水资源短缺，矿井水资源化利用是解决这一问题的重要途径。

针对宁东生态脆弱矿井水资源保护性煤炭开采及矿井水资源化问题，本书阐述了宁东生态脆弱矿区水资源保护性开采与矿井水资源化模式的内涵及技术体系；系统研究了宁东矿区的水文地质特征，得到了砂岩含水层的沉积控水规律，建立了宁东矿区三维水文地质结构模型，进行了顶板含水层的富水性评价与富水性分区划分，论述了保持隔水关键层稳定性或再生隔水关键层的原理及主要方法，研究了宁东矿区采动顶板导水裂隙带发育规律与砂岩含水层渗流特征，进行了宁东生态脆弱矿区水资源保护性开采工程实践；开发了高矿化度矿井水处理技术工艺，建立了矿井水水质监测及地下水污染防控体系，将净化后的矿井水用于灌溉，提出了采煤沉陷区复垦绿化技术及矸石场生态治理修复技术。

本书的研究工作及出版得到江苏省杰出青年基金项目“煤矿固体废弃物充填开采水资源保护基础研究”（项目编号：BK20190031）、中国矿业大学煤炭资源与安全开采国家重点实验室自主研究课题资助项目“多场耦合作用下煤矸石重金属离子迁移机制研究”（项目编号：SKLCRSM18X004）等项目的资助。

感谢董霁红、程延海、欧阳神央、韩震、郭亚超、阮泽宇、李巍、吴来伟、余宏、张鹏、Samuel Zayzay Jr. 等在现场实测、数值模拟、实验室试验等方面所做的大量工作，以及在撰写过程中提供的宝贵意见。对本书所引用资料和文献的作者表示最诚挚的感谢。

受作者水平所限，书中难免存在不足之处，恳请同行专家和读者指正。

作　者

2020 年 4 月

目　录

第1章 矿区概况

1.1 宁东矿区基本情况

1.1.1 位置交通

宁东煤田位于宁夏回族自治区银川市以东，拥有丰富的煤炭资源：煤炭已探明储量为 310 亿 t，远景储量为 2 027 亿 t，占宁夏回族自治区煤炭已探明储量的 88.6%，保有储量为 274 亿 t，远景开采量每年可达 13 030 万 t。宁东煤田包括碎石井（灵武矿区）、鸳鸯湖、横城、马家滩、积家井、萌城、韦州和石沟驿等 8 个勘探区，13 个井田。

宁东煤田靠近黄河，苦水河与盐环定扬黄干渠辐射宁东煤田汇入黄河，水上交通便利，主干高速公路银（川）—古（窑子）—王（家国）高速公路横穿宁东煤田西北部，307 国道与 211 国道分别横穿宁东煤田西北部与东南部；另有南北向的三级公路冯记沟—马家滩—磁窑堡线穿过本区，并由马家滩路段向西延伸和 211 国道相接。银川河东机场坐落于本区，银（川）—古（窑子）—王（家国）高速公路直达机场，每日航班达 50 余次，可运行大型客运飞机，空运客旅更加快捷便利，已建成水-陆-空彼此对接的全方位交通运输网。

1.1.2 自然地理

本区多属于半沙漠型低缓丘陵区，大部分地表覆盖有纵横的沙丘，主要为风力成因的新月形沙丘及垄状形态的流动型沙丘。梁、峁、堰的地形遍及全区，主要原因是由于黄土被切割侵蚀形成。冲沟发育，地貌比较复杂。少数低洼地区雨季发生积水变为湖泊，冬季干涸则变为碱滩，从而逐渐演变为盐碱池。

宁东矿区位于西北内陆区，属于半沙漠且半干旱的较典型的大陆型气候，具有春季快速回暖、夏季暑热期短暂、秋季天气转凉较早、冬季寒冷期较长且降水稀少、一天中温差变化较大等特点。季风期一般从 10 月延续到第二年 5 月，即大致集中在春季和秋季，季风风向多呈正北向或西北向，风力通常为 4～5 级，最大时会达到 8 级；春季和秋季间或发生沙尘暴。降水一般发生在 7～9 月，平均降水量 1992 年最大（达 332.3 mm），1997 年最小（只有 120.1 mm），2000 年蒸发量达到最大（达 1 918.3 mm）。

宁东矿区处于鄂尔多斯盆地西部边缘，在吴忠区地震活动区带内，资料显示，因地处褶皱构造冲断带的中段，本区地震历史烈度为Ⅶ度。震中位置多位于黄河沿岸附近，11 世纪初至 20 世纪 90 年代间共发生过 11 次大型的地震，震级多为 4.8～5.4 级，近期仍间或有弱震现象，且震源位置同历史记载的位置十分接近，说明现今构造活动依旧在持续发生。

1.2 宁东矿区地质概况

1.2.1 区域地层

宁东矿区属于晋冀鲁豫地层区（V_4）中的华北西部边缘地层分区（V_4^1）下的青龙山-桌子山地层小区（$V_4^{1\text{-}2}$），中生代和新生代地层作为发育主体，较深地掩盖了古生代沉积的地层，故宁东矿区广泛出露中生代沉积的拗陷区地层。只在宁东矿区西北方向的横城矿区以及西南方向的韦州矿区有古生代地层零星出露，三叠纪地层沉积缺失，新生代地层广泛发育。

宁东矿区地层由下到上依次为：三叠系上统上田组（T_3s）；侏罗系中统延安组（J_2y）、中统直罗组（J_2z）、上统安定组（J_3a）；白垩系下统宜君组（K_1y）；古近系渐新统清水营组（E_3q）；顶部为第四系（Q）。

1.2.2 含煤地层

延安组属于侏罗系中统，是本区主要的含煤地层，岩性总体上以深灰至灰色和浅灰色的不同粒级的砂岩和粉砂岩，以及厚薄不一的泥岩、泥质砂岩和煤为主。

沉积断面对比图（图 1-1）上总体显示出含煤地层上、下部均为较粗的含煤碎屑充填和中部较细的含煤碎屑充填（含典型的湖相泥岩层）的三段式充填特点。根据充填特点延安组含煤地层可划分为 5 个成因地层单位和 9 个充填层序（层序 1～层序 9）。由下向上各单位依次编号为成因地层单位一～成因地层单位五。成因地层单位通常以沉积间断面或稳定煤层、煤层组的顶界面作为分界。各成因地层的沉积构成如下。

(1) 成因地层单位一

成因地层单位一从含煤地层底界到 16# 煤顶板，厚度为 23.55～65.95 m，

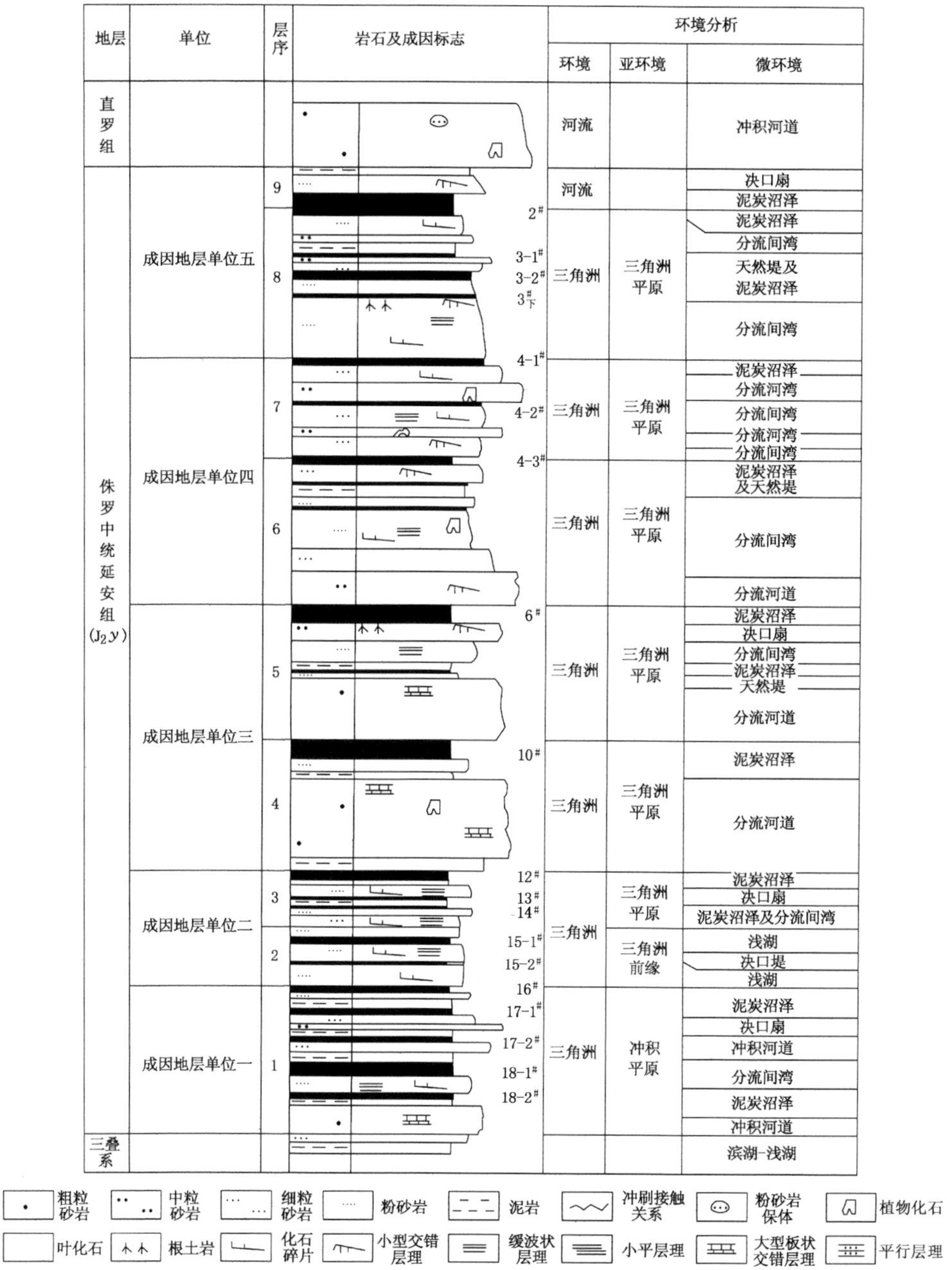
地层
单位
层序
岩石及成因标志
环境分析
环境
亚环境
微环境
直罗组
河流
冲积河道
侏罗中统延安组(J_2y)
成因地层单位五
9
河流
决口扇
泥炭沼泽
8
2#
3-1#
3-2#
3#下
三角洲
三角洲平原
泥炭沼泽
分流间湾
天然堤及泥炭沼泽
分流间湾
成因地层单位四
7
4-1#
4-2#
4-3#
三角洲
三角洲平原
泥炭沼泽
分流河湾
分流间湾
分流河湾
分流间湾
6
三角洲
三角洲平原
泥炭沼泽及天然堤
分流间湾
分流河道
成因地层单位三
5
6#
三角洲
三角洲平原
泥炭沼泽
决口扇
分流间湾
泥炭沼泽
天然堤
分流河道
4
10#
三角洲
三角洲平原
泥炭沼泽
分流河道
成因地层单位二
3
12#
13#
14#
三角洲
三角洲平原
泥炭沼泽
决口扇
泥炭沼泽及分流间湾
2
15-1#
15-2#
三角洲前缘
浅湖
决口堤
浅湖
成因地层单位一
1
16#
17-1#
17-2#
18-1#
18-2#
三角洲
冲积平原
泥炭沼泽
决口扇
冲积河道
分流间湾
泥炭沼泽
冲积河道
三叠系
滨湖-浅湖
粗粒砂岩
中粒砂岩
细粒砂岩
粉砂岩
泥岩
冲刷接触关系
粉砂岩保体
植物化石
叶化石
根土岩
化石碎片
小型交错层理
缓波状层理
小平层理
大型板状交错层理
平行层理

图 1-1　沉积断面对比图

平均厚度为42.44 m。该段主要为冲积河道中的砂质沉积，河道充填沉积整体向下变粗，称为层序 1；该段下部岩性主要沉积灰白色砂岩，俗称“宝塔山砂岩”，并夹杂粉砂质泥岩，该段中上部岩性主要为黑色至深灰的粉砂岩、深黑色的泥岩，以及灰白至灰色的细粒砂岩等，并发育小规模的水平层理、波状层理和斜层理。煤层沉积在层序 1 的上部，含 18[#]、17[#] 和 16[#] 三个煤层。

(2) 成因地层单位二

成因地层单位二从 16[#] 煤顶板到 12[#] 煤顶板，厚度为 31.57～91.93 m。该段由两个垂直向下变细的三角洲充填层序(层序 2、层序 3)构成，主要岩性为粉砂岩和细粒砂岩，颜色为灰色至灰白色，夹杂较薄的泥岩层及煤层，煤层位于每个层序的顶部。该段具有小型原生沙纹层理、斜层理和水平层理，含植物化石及化石碎片。

(3) 成因地层单位三

成因地层单位三从 12[#] 煤顶板到 6[#] 煤顶板，厚度为 40.97～113.22 m。该段由两个典型的向上变粗的三角洲充填层序(层序 4、层序 5)构成，砂岩位于层位层序的中下部，层序的上部则以粉砂岩、细粒砂岩为主，夹薄煤层，层序 4 和层序 5 的顶部分别含 10[#] 和 6[#] 煤两个分布广且较稳定的厚煤组。该段发育小型斜层理、原生沙纹层理以及水平层理，含植物化石及化石碎片。

(4) 成因地层单位四

成因地层单位四从 6[#] 煤的顶板直到 4[#] 煤的顶板，厚度为 49.61～136.92 m。该段由 2 个三角洲充填层序(层序 6、层序 7)构成，岩性主要为灰白色砂岩，同时含粉砂岩、泥岩和煤层等，其中煤层沉积在此层序的顶部。4-3[#] 煤位于层序 6 的上部，4-1[#] 煤组位于层序 7 的顶部。

(5) 成因地层单位五

成因地层单位五从 4[#] 煤的顶板到含煤地层的顶界，在宁东矿区东北区域、西北部及西南区域出现缺失以及残留不全现象，这是由于后期剥蚀作用形成的。钻孔揭露资料显示，该段厚度最大为 104.95 m。整体上西部和东部沉积厚度较大，由东、西向中部沉积厚度逐渐减小。岩性主要为中粒砂岩和粗粒砂岩，并夹杂粉砂岩。该段由下部向上变粗的三角洲充填和上部向上变细的河流充填 2 个层序(层序 8 和层序 9)构成。下部三角洲充填层序 8 以灰白色砂岩为主，3[#] 煤位于层序 8 的上部；上部河流充填层序 9 的顶界受到其上直罗组地层底部坚硬砂体的强度冲刷，致使该层序未能完整保存。2[#] 煤组位于层序 8 的顶部、层序 9 的底部。2[#] 煤组沉积较为稳定，煤层厚度大，结构简单，煤层厚度呈南北向展布，且由中南方向向北逐渐变厚，为宁东矿区范围内的主采煤层。在红柳井田内 H406 孔，受上部地层的冲刷，2[#] 煤煤层变薄。在石槽村井田内为两互相独立的煤层，分别称作 2-1# 煤和 2-2# 煤，向北至梅花井北部逐渐并成一层，即为 2# 煤。

1.2.3 区域构造

宁夏地区常被划成两部分一级的构造单元，其界限为青铜峡-固原构造断裂，界限的东北是华北地台，界限西南为祁连山-秦岭褶皱带。依照 1994 年中第 3 次开展的煤田预测工作所编制的《宁夏回族自治区煤炭资源预测与评价报告》中对构造的划分方案，此区应属于华北地台（A）中的 N-S 向逆冲构造带（A_2）里的横山堡-桌子山逆冲构造带（A_2^3）。

从南向北，鄂尔多斯盆地西部边缘区可细分为南、中、北三区。南部是马家滩构造带，构造线走向由 NNW 向转为 NW 向。转换带内部断裂构造不发育，自身亦没有产生大规模推覆构造。马家滩段东部以马柳断裂为界，西部边界为青铜峡-固原构造断裂，自东向西主要发育了 4 条倾向向西的逆冲断层：马儿庄逆冲断层、沙子井-惠安堡断层、平凉-青龙山断层和安国-韦州断层，同时自东向西产生了叠瓦状的烟墩山、石沟驿逆冲席、青龙山及韦州逆冲席，并依次彼此推覆。马儿庄逆冲断层与马柳断层同属于前缘带。北区为横山堡构造带，构造线走向由 NNE 向转为 NE 向，有的为近似 EW 向。

宁东矿区处于鄂尔多斯盆地西部边缘褶皱逆冲断裂带里的近 SN 向的构造逆冲带的中区内，也就是马家滩段和南北转换带位置附近，西部和六盘山构造带呈弧形相接，东部靠近鄂尔多斯台缘拗陷，总体为南北向展布的狭长区带，且南北端部都延伸到区外。区内普遍发育典型的逆冲推覆构造（马家滩段尤为明显），总体构造方向为 NWW 向。构造十分发育，且断裂构造和褶皱构造彼此伴生存在。

总体上，宁东矿区南部的双马井田和中部的麦垛山井田、红柳井田内构造发育均十分复杂，断裂延伸走向大致为 NNW 向；石槽村井田内大多发育横向的断裂构造；北部梅花井井田内总体构造发育较为简单，多数断层走向以 NNE 向为主。

宁东矿区发育的大型褶皱有鸳鸯湖背斜、李家圈向背斜、张家庙向背斜、长梁山-马家滩向斜、长梁山向斜、新碱沟子背斜、大羊其向斜、马家滩向背斜、周家沟-于家梁背斜、鸳鸯湖-冯记沟背斜、尖儿庄背斜、强记滩背斜。

区内大型断裂构造有梅花井 DF1 正断层、DF5 正断层、新碱沟子北正断层、新碱沟子正断层、杨家窑北正断层、杨家窑正断层、麦垛山正断层、红柳 DF4 断层、双马 EF5 正断层、张家庙逆断层、李家圈逆断层、红柳 HF2 逆断层、HF3 逆断层、HF4 逆断层、HF5 逆断层、HF10 逆断层、麦垛山 F3 逆断层、马柳逆断层、于家梁逆断层、杜窑沟逆断层、李新庄西侧逆断层、双马 F1 逆断层、双马 F2 逆断层、双马 F9 逆断层。

1.3 矿区基本水文地质条件

1.3.1 区域地表水

影响宁东矿区的地表水主要有边沟、西天河、苦水河等。边沟位于宁东煤田北部边界沿长城一线；西天河横贯鸳鸯湖。

西天河河床标高为+1 284 m，属季节性河流，枯水期流量为 40～60 m^3/h，丰水期流量达到 260 m^3/h，下暴雨发生洪水的流量为 11 880～15 000 m^3/h，持续时间为 6～8 h，水位高度为 2 m。西天河河床底与侏罗地层呈不整合接触，河床距基岩面的厚度为 5 m，在基岩顶面上有砾石含水层，砾石层厚度为 0.1～0.2 m，砾石层以上是风积砂岩，遇水以后成泥，容易变形，导水性差，含水极少。潜水含水层补给途径有西天河西边和南边倾斜地形以下降泉的形式补给以及西天河明流补给。

受雨季来临时的降水或者矿井排放水的影响，在梅花井北部及双马井田北部地形低洼的区域会逐渐有盐碱湖产生，冬季会干涸变成碱滩，第四纪形成的风积沙层将基岩掩盖。区内水环境主要为地下水，仅在红柳井田东北部外约 2.0 km 处、石槽村井田内的碱沟子有季节性水流，与马柳断层位置相对应，沟长约 5.0 km，为断层所形成常年性沟谷溪流。其径流量大小通常为 0.36～2.38 L/s，受大气降水影响较大。其源头在石槽村井田东约 1.3 km 处，由泉水汇集而成，水流补给源为新碱沟子正断层上升泉，向北流至下游老圈湾一带，至碱沟与狼梁公路交会处渗入地下而消耗殆尽。受补给源水质影响，水化学类型主要属于 $CL\cdot SO_4\text{-}Na\cdot Mg$、$SO_4\cdot CL\cdot SO_4\text{-}Na$ 型，水质较差且不能饮用。

1.3.2 主要含水层

结合鸳鸯湖-马家滩矿区勘探所得资料，综合考虑岩性及组合结构特征、含水层埋藏条件和水力性质等因素，从上向下可将宁东矿区含水层分成五个含水层(组)：第四系孔隙潜水含水层(Ⅰ)、侏罗系中统直罗组裂隙孔隙含水层(Ⅱ)、延安组 2# ～6# 煤以上砂岩孔隙-裂隙承压水含水层(Ⅲ)、延安组 6# ～18# 煤间砂岩孔隙-裂隙承压水含水层(Ⅳ)、18# 煤以下至底部分界线砂岩含水层(Ⅴ)。在梅花井井田中部沿南北方向进行剖面，其主要含水层划分如图 1-2 所示。

(1) 第四系孔隙潜水含水层(Ⅰ)

本区第四系地层厚度为 0～32.68 m，平均厚度约为 9.38 m，存储地下水的空

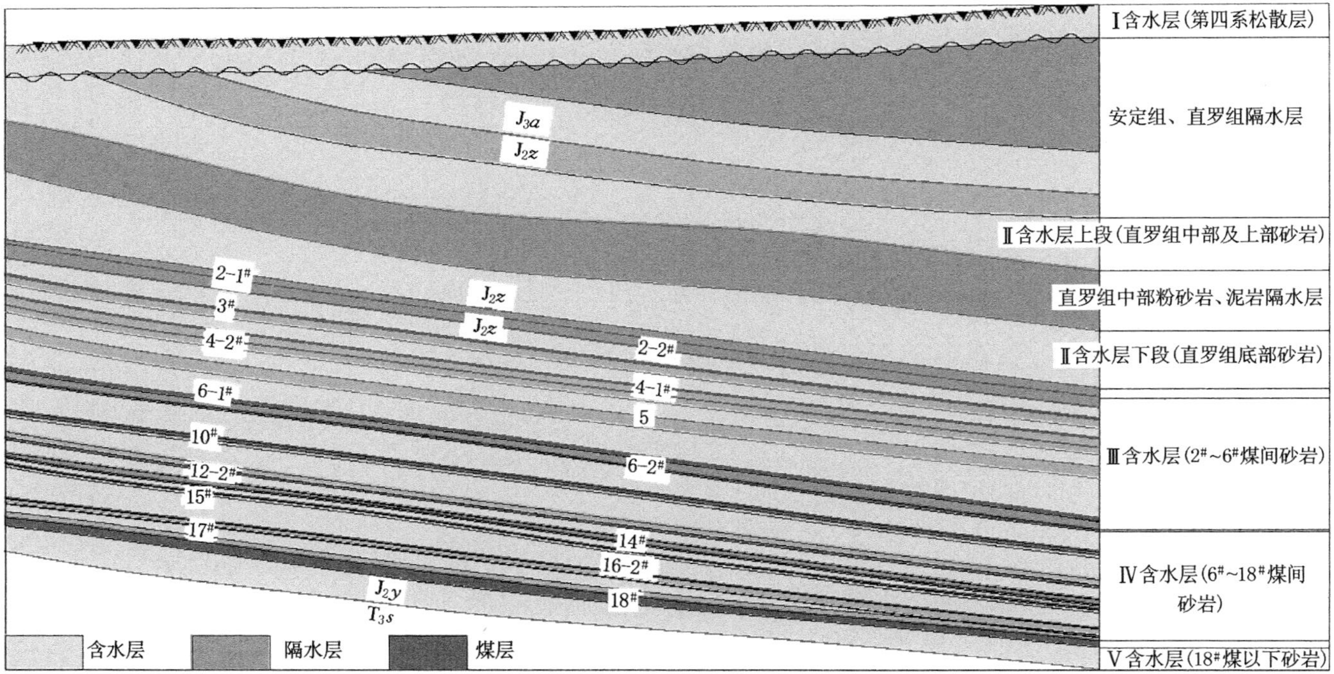

图 1-2 主要含水层划分示意图（以梅花井为例）

间主要包括风积沙层、沟谷中的洪冲积层。第四系的补给水来源主要为大气降水，排泄方式主要为蒸发消耗，另有部分补给水通过人工开采的方式，或沿风化产生的破碎带和裂隙向基岩中含水层进行补给。依据地下水的存储条件，潜水层大致可划分成风积-洪冲积型潜水层及风积沙型潜水层。

(2) 侏罗系中统直罗组裂隙孔隙含水层(Ⅱ)

该含水层在全区普遍发育，在西部因遭受剥蚀而变薄甚至缺失。该组岩性主要为中粒砂岩和粗粒砂岩，胶结物为钙质或泥质，胶结状态呈松散或较松散状，用锤击打易发生破碎，有的甚至手捻即散，此组地层底部的砂岩多为 2# 煤层的直接上覆顶板，弱富水至中等富水，受水冲击时易变松散。此含水层由西至东，从浅到深厚度逐渐变大，所含泥质越来越多。根据此组地层的岩性特征、水文地质和沉积旋回特征，该组大致可划分为上段及下段两部分。上段为 2# 煤开采间接充水含水层；下段是对本区产生主要影响的含水岩层，岩性主要为粗粒砂岩，其次为中粒砂岩，层位稳定。该层岩性较松散，泥质胶结、结构疏松，由浅及深岩层破碎程度逐渐降低。含水层富水性、水质变化与沉积环境相适应，沉积中心区富水性、水质相对较好，沉积交互区富水性弱，水质相对较差。

(3) 延安组 2# ～6# 煤以上砂岩孔隙-裂隙承压水含水层(Ⅲ)

该含水层岩性主要为深灰色、灰色或者灰白色的砂岩，粒度大小不一，厚度一般为 6.79～123.59 m，平均厚度为 69.24 m，层位相对稳定，水位埋深为 10.90～22.25 m，承压水头高度为 312.48～381.92 m，总体以 4# 煤为界可分成上下两段，其中上段为 2# ～4# 煤段，下段为 4# ～6# 煤段。富水程度为极弱至弱富水。

上段：岩性以灰、灰白色中粒和粗粒砂岩为主，钙、泥质胶结，坚硬，此段厚度一般为 3.13～66.75 m，平均厚度约为 26.05 m。砂岩在 2# 煤底、4# 煤顶，含水层在原始状态下，水文地质情况较简单，富水性弱；但 2# 煤开采后，该含水层水文地质条件将发生较大变化，与直罗组底部砂岩含水层水力联系密切，含水层富水性增强。

下段：主要岩性为灰色或深灰色中粒砂岩及粗粒砂岩，夹粉砂岩和细粒砂岩，胶结物为钙质，坚硬至半坚硬，该段厚度一般为 6.85～97.80 m，平均厚度约为 46.47 m，层位相对稳定。上、下段中间的相对隔水层以 4# 煤为标志，和上、下段相对含水层间虽存在较弱的水力联系，但渗透性较差、富水性弱。

(4) 延安组 6# ～18# 煤间砂岩孔隙-裂隙承压水含水层(Ⅳ)

该组主要发育灰色、灰黑色或浅灰色的中粒砂岩和细粒砂岩，中间夹有煤及黑色泥岩或碳质泥岩，砂岩分选程度中等，渗透性总体较差，富水程度由弱至极弱。砂岩含水层厚度为 13.50～337.45 m，变化较大，平均厚度为 66.68 m。水位埋深为56.32 m，承压含水层水头高度为400 m；本组8[#]～10[#]煤间和17[#]煤底板为富水程度较强的厚层粗粒砂岩，会对煤层开采产生一定影响。在地质补勘施工中有14个孔发生漏水。据810孔的抽水试验数据，本组渗透系数为0.001 63 m/d，q为0.001 46 L/(s·m)，矿化度为6.20 g/L。故此含水层的富水程度属于弱。

(5) 18[#]煤以下至底部分界线砂岩含水层(Ⅴ)

该含水层岩性为灰白色、紫褐色和紫灰色的铝质泥岩及白色含砾石中粒和粗粒砂岩，含水层砂岩厚度为1.41～91.02 m，平均厚度为20.22 m；有6个孔在施工过程中出现漏水现象。M701-1号孔处含水层厚度为40 m，静水位为15.44 m，承压水头高度为200.76 m，当水位降深为135.65 m时，涌水量为0.156 L/s，单位涌水量为0.001 2 L/(s·m)，矿化度为5.46 g/L，硫酸根离子含量为1.74 g/L，水质类型为SO_4·CL-Na·Mg。本含水层富水程度一般为弱，但若在构造发育较好或者第四纪岩层富水程度较强的地区出现露头，富水性就会增强，且局部地段的含水层在初期会出现较大出水量，影响煤层安全开采。

1.3.3 隔水层(组)

本区侏罗系属于陆相沉积地层，其岩相与岩性变化均很大，具有明显的垂向沉积旋回，粉砂岩、泥岩同中粒和细粒砂岩互层，特别是含煤地层各旋回上部多由泥岩、粉砂岩或砂质泥岩互层组成，岩性致密，同煤层一起组合成隔水性较好的阻水层，岩性主要为高密度、低阻的粉砂岩和泥岩。据统计，稳定性较好的隔水层有直罗组下部砂岩含水层顶板以泥岩和粉砂岩为主要岩性的隔水层、主采煤层及煤层顶底板以粉砂岩和泥岩为主的隔水层。

1.3.3.1 安定组、直罗组隔水层

此层处于第四纪含水岩层与侏罗系中统直罗组上段之间(包括风化岩石含水层)，直罗组内部的阻水介质，此隔水层(组)的阻水性能、展布范围及厚度变化，对该组底部的粗粒砂岩含水岩层的富水程度及水文地质特征等会产生较大影响。此隔水层(组)岩性主要为粉砂岩和泥岩，分布较为稳定，愈靠近露头，隔水层愈薄，愈到深部，隔水层愈厚。该隔水层(组)是较为稳定的隔水层，对于第四系同基岩中各自含水层之间水力联系，有较好的阻隔效果，特别是含水层埋藏较深的地区；但对于露头及浅埋藏地区隔水性能变化较大，特别是煤层开采导致地下应力场变化，引起地层破碎、裂隙发育程度的变化，从而使得底部含水层情况变得更为复杂。

1.3.3.2 延安组各段粉砂岩、泥岩隔水层

(1) 延安组上部粉砂岩、泥岩隔水层

各煤层本身及各自顶底板发育的泥岩和粉砂岩均为相对隔水层，通常粉砂

岩上覆于泥岩，局部夹中粒和细粒砂岩薄层，厚度一般为 2～6 m，中部及南部较厚，北部较薄，从梅花井井巷开采情况分析，3# 煤和 4# 煤顶底板的泥岩和粉砂岩隔水性能较好。煤层未开采时，该隔水层（组）与直罗组砂岩含水层联系程度较低，随着 2# 煤开采，顶板随采随落，形成"三带"；裂隙、孔隙增大，隔水性能变差，使得含水层之间联系密切。4# ～6# 煤之间含水层为砂岩与泥岩和粉砂岩互层较多，受上部直罗组砂岩含水层影响程度有限。

（2）延安组下部煤系隔水层

该隔水层（组）岩性主要为深灰色泥岩和粉砂岩互层，局部为碳质泥岩，厚度为 3～5 m，主要分布于 10# 煤、12# 煤、17# 煤和 18# 煤的顶底板。由于该相对隔水层上、下含水层均为极弱至弱富水，地下水渗透条件差，使得该隔水岩层隔水性相对较好。

（3）18# 煤及其顶底板泥岩类隔水层

该隔水层分布较稳定，顶底板岩性均以泥岩为主，局部为粉砂岩，隔水层平均厚度为 4.16 m，区内分布较稳定。此相对隔水层上、下为富水程度极弱的含水层（组），局部地段为弱富水含水层，均埋藏较深，垂向上水力联系较弱，使得地下水对生产开采活动总体影响较小。

1.3.4 地下水的补给、径流和排泄

本区地下水补给主要以大气降水补给为主，其次为含水层之间的越流补给。

对松散层潜水来说，补给形式主要为大气降水。潜水面高低起伏形态同地表地形起伏相似，故径流方向在地形起伏的控制下主要为从高向低流动，局部因地层渗透性差异影响，流向会略有改变。排泄方式主要为渗流或潜流，排入沟谷或向地势低洼的地区聚集形成湿地，后由蒸发形式最终排泄。

分析资料可知：矿井涌水量同大气降水量、降水强度和持续时间不相关，说明基岩承压含水层的补给来源主要为含水层间的越流补给，或通过断层破碎带发生补给，也有微量补给来源于大气降水；大部分基岩含水层径流条件较差，承压水补给微弱，地下水有利于储存、不利于排泄，储水空间相对封闭，水力坡度小；深部由于水的交替能力差，径流极为缓慢，横向上具有不连续性，垂向上具有分段性，地下水矿化度较高。

第2章 宁东生态脆弱矿区水资源保护性开采与矿井水资源化模式

我国宁东矿区生态环境十分脆弱、水土流失严重，煤炭的高强度开采直接破坏了地下含水层结构，影响其补给、径流、循环方式，形成地下水漏斗，对区域水资源造成了极大的破坏；同时，煤炭开采过程中矿井水排放量大，污染物含量高、矿化程度与净化难度高，矿井水资源化利用率低，矿井水地面排放造成水土流失、盐碱化、植物枯萎等一系列生态环境问题。因此，如何最大限度减少煤炭开采对地下水的破坏、提高矿井水资源化利用率，实现西部干旱半干旱矿区水资源保护性开采与矿井水资源化利用，是保护矿区地下水资源与解决矿区水资源短缺问题的重要技术途径，也是实现我国“十三五”规划提出的“建设绿色矿山，推行绿色开采”的必由之路。基于此，本书创新提出了宁东生态脆弱矿区水资源保护性开采与矿井水资源化模式。

2.1 宁东生态脆弱矿区水资源保护性开采与矿井水资源化模式的内涵

水资源保护性开采与矿井水资源化是指根据矿区生产地质条件，以“水资源保护性开采、矿区水资源化”作为矿区的整体规划理念，形成“覆岩富水分区构建、水资源保护性开采、矿井水资源化利用”的创新技术模式，最大限度减少煤炭开采对地下水的破坏，提高矿井水资源化利用率，解决矿区水资源短缺问题，实现生态脆弱矿区水资源保护性开采与矿井水资源化利用。宁东生态脆弱矿区水资源保护性开采与矿井水资源化模式主要由矿区水资源保护性开发富水分区体系、矿区水资源保护性煤炭开采技术体系、矿井水资源化综合利用技术体系三部分构成。

（1）矿区水资源保护性开发富水分区体系

基于西部干旱半干旱生态脆弱矿区的水文地质条件，建立地层沉积特征与砂岩含水层富水性之间的关系，构建矿区覆岩含水层三维水文地质结构模型，进行含水层富水性多因素耦合预测研究，提出生态脆弱矿区松散砂层-覆岩富水分区体系，为水资源保护性开采技术体系的构建提供理论支撑。

(2) 水资源保护性煤炭开采技术体系

控制隔水关键层稳定是水资源保护性煤炭开采技术体系形成的基本理念，使隔水关键层不产生裂隙或裂隙后期闭合不形成导水通道是控制隔水关键层稳定性的基本原理。利用充填开采、分层开采、限厚开采、留设保护煤柱等方法并设计合理的开采参数防止隔水关键层破坏，或在没有天然隔水关键层的情况下通过离层注浆、泥化软弱岩层等封堵裂隙再生隔水关键层，是实现水资源保护性煤炭开采的基本方法。基于宁东矿区含水层富水分区与采动地下水流场时空演化特征，提出开采顶板砂岩水控制矿区地下水流失的方法，实现水资源保护性煤炭开采。

(3) 矿井水资源化综合利用技术体系

对大气降水、地表水、矿井水等进行水质监测与数据采集，创建"分源净化—分质供水—梯级利用"的矿井水资源化综合利用技术体系，缓解矿区用水紧张；建立矿井水水质监测及地下水污染防控体系，保护矿区地下水环境；利用净化后的矿井水作为灌溉用水，提出采煤沉陷区复垦绿化技术及矸石场生态治理修复技术，实现生态脆弱矿区地表水土保持、土地荒漠化有效控制。

宁东生态脆弱矿区水资源保护性开采与矿井水资源化技术模式如图 2-1 所示。

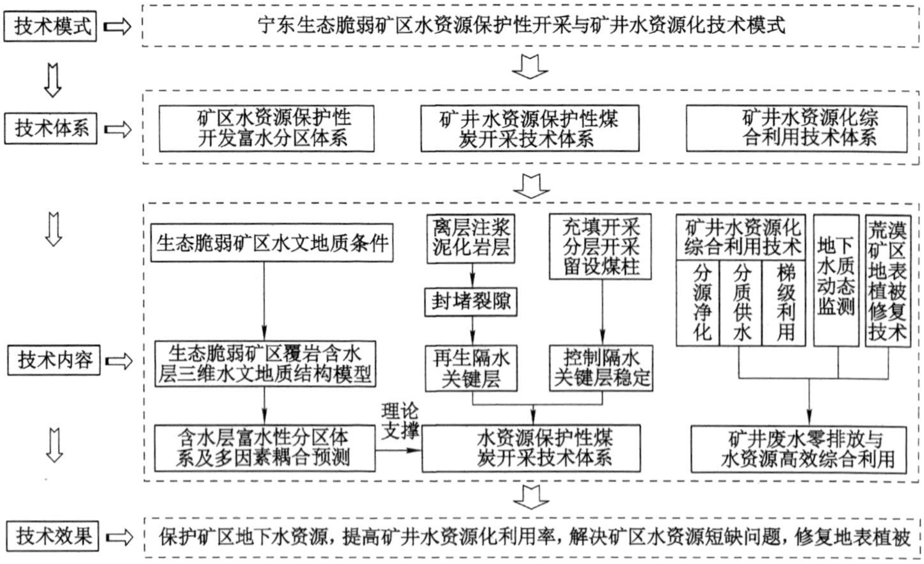

图 2-1　宁东生态脆弱矿区水资源保护性开采与矿井水资源化技术模式

2.2 宁东生态脆弱矿区水资源保护性开发富水分区体系

分析宁东矿区区域地表水、含水层、隔水层、地下水补径排及直罗组沉积厚度等水文地质特征，研究直罗组砂岩“沉积控水”规律；建立宁东生态脆弱矿区覆岩含水层三维水文地质结构模型，研究砂岩厚度与直罗组富水性的关系，从煤层顶板岩性发育指数、构造影响指数两个方面进行含水层富水性多因素耦合预测研究，构建了以富水性指数划分的宁东矿区松散砂层-覆岩富水分区体系（图 2-2）。

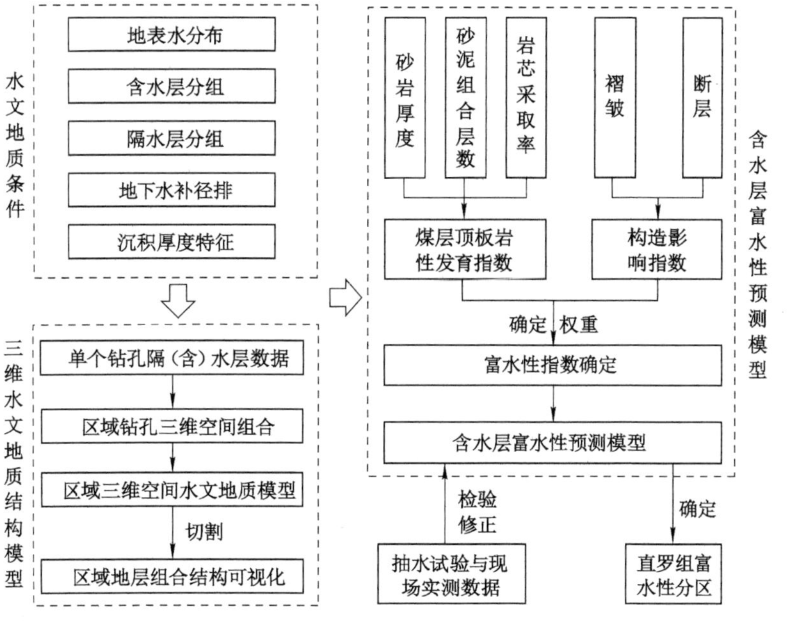

图 2-2 宁东矿区松散砂层-覆岩富水分区体系

2.3 宁东生态脆弱矿区水资源保护性煤炭开采技术体系

实现矿区水资源保护性煤炭开采的关键是控制隔水关键层的稳定性或再生隔水关键层。控制采煤工作面隔水关键层稳定性需要尽量减少开采对隔水关键层的扰动，防止隔水关键层产生裂隙或产生的裂隙不足以成为沟通工作面与含水层的导水通道。在含水层距采掘空间较近并且隔水关键层较薄，裂隙不可避免地波及含水层的情况下，可通过注浆封堵、泥化软弱岩层、特殊条件下等待导水裂隙带自然闭合等方法，在采动后再生隔水关键层，避免含水层水大量涌入。

由此可见，采动导水裂隙发育形态及发育高度研究是生态脆弱矿区水资源保护性开采研究的基础。基于“上三带”理论，通过经验计算、数值模拟等方法分析导水裂隙带的发育形态及特征，得出研究区导水裂隙带发育高度的分布规律。另外，以钻探地质资料为基础，通过数值模拟的方法，建立矿区地下水动力学模型，研究地下水流动与水流场时空演化规律，为水资源保护性开采方案设计提供理论支撑。

控制导水裂隙带发育高度的方法有限厚开采、留设煤柱、充填开采、分层开采等。其中基于充填控制导水裂隙带发育的开采技术是高效率采出煤炭资源和全面控制覆岩破坏程度、大幅度缩小导水裂隙带高度避免其波及地下水体的有效措施之一。其技术原理为：在采煤作业的同时，将固体材料直接填充于采空区，减小了上覆岩层垮落的空间，并成为承载覆岩载荷的主体，限制了上覆岩层的垂直移动，从而有效控制导水裂隙带发育高度，维持了隔水关键层的稳定性。针对宁东矿区砂岩含水层水资源较为丰富的特点，基于宁东矿区含水层富水分区与采动地下水流场时空演化特征，提出开采顶板砂岩水控制矿区地下水流失的方法，实现水资源保护性煤炭开采。

生态脆弱矿区水资源保护性煤炭开采技术体系如图 2-3 所示。

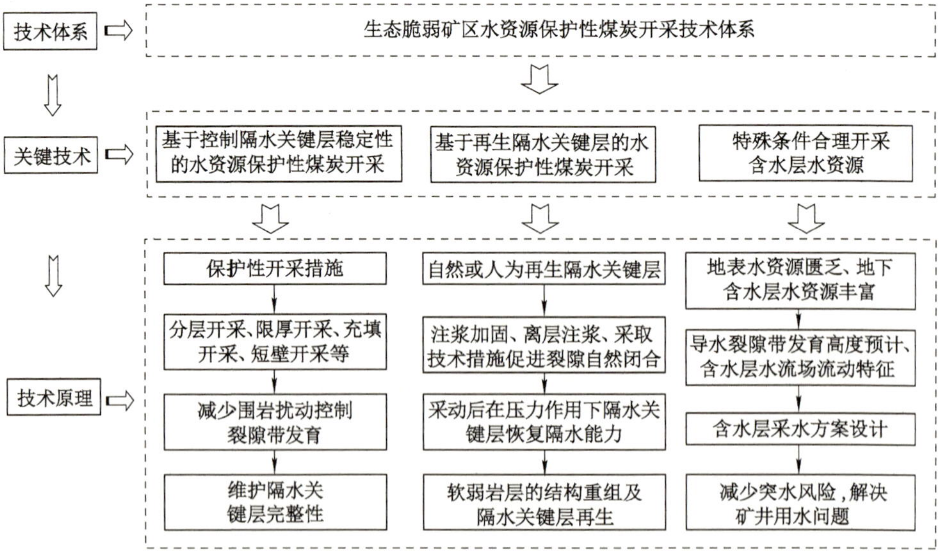

图 2-3　生态脆弱矿区水资源保护性煤炭开采技术体系

2.4 宁东生态脆弱矿区矿井水资源化综合利用体系

着眼西部干旱半干旱矿区水资源保护利用，以宁东矿区典型矿井为例，根据宁东矿区矿井排水来源多、水质复杂、矿化度高等特征，设计了水质分析、分源采集、分源处理、分质供水、梯级利用的技术流程，创新了高矿化度矿井水"高效沉澄清＋超滤＋反渗透"矿井水处理技术工艺(图 2-4)，构建了杂质絮凝及沉淀、微生物数量控制全程一体化的净化模式，能够实现高浊、高矿化度矿井水的深度、高效处理。建立了矿井水资源化利用技术体系，形成了"井下岩层顶板探放涌水＋矿井各类排水梯级利用"模式，实现了矿井废水零排放。矿井水资源化综合利用模式如图 2-5 所示。

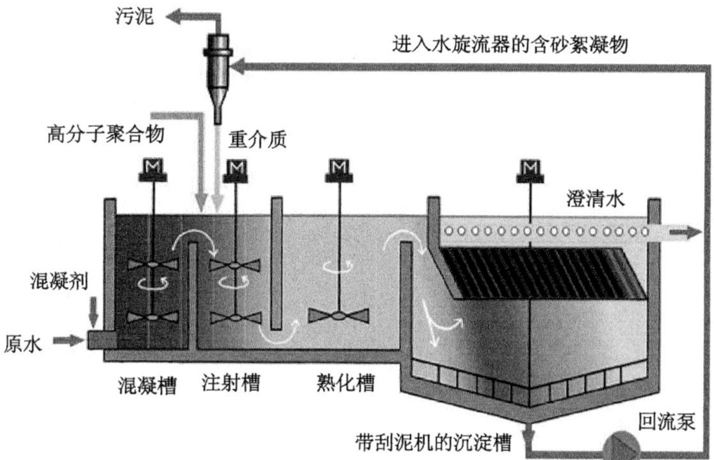

图 2-4 "高效沉澄清＋超滤＋反渗透"矿井水处理技术工艺

生态脆弱矿区矿井水资源化综合利用遵循以下三条原则：

(1) 节约为主，因地制宜。针对各矿矿井水排放量及水质状况差异较大的现状，结合实际情况因地制宜地安排矿井水利用方向和利用量。

(2) 经济、环境、社会效益统一。企业应在盈利的同时最大限度地实现矿井水的资源化处理，尽量减少采矿活动对周边环境及居民的不利影响。

(3) 矿井水复用就近原则。矿区生产用水对水质的要求较低，且可就地取水，输送简单，因此各矿均需首先保证内部用水，剩余部分供其他方面使用。矿井水资源化复用方向主要包括：井下消防用水，选煤厂选煤补充水，热电厂循环

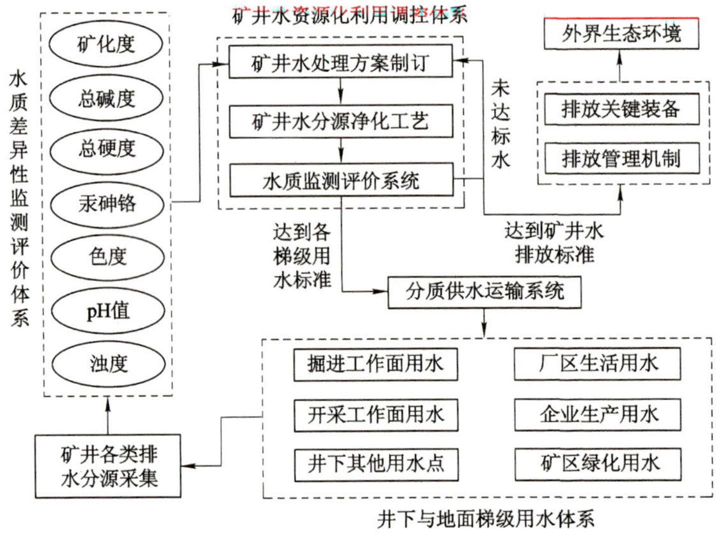

图 2-5　矿井水资源化综合利用模式

冷却水，绿化、道路及储煤厂防尘洒水，矸石山灭火用水，生活用水，农田灌溉用水和办公楼冷暖空调用水。

第3章 宁东生态脆弱矿区水文地质特征与含水层富水性评价

3.1 直罗组砂岩沉积控水规律

3.1.1 直罗组沉积厚度特征

研究区包括灵武-鸳鸯湖-马家滩矿区的6个井田，依次为枣泉井田、梅花井井田、石槽村井田、红柳井田、麦垛山井田及双马井田。研究区西部的枣泉井田南北长约13 km，东西宽平均约4 km，面积为56.698 2 km^2；研究区东部的鸳鸯湖-马家滩矿区整体呈南北条带状分布，南北延伸约44 km，东西展布5.5～11.8 km，矿区面积约为370.67 km^2；研究区总面积约为427.37 km^2。全区地势起伏不大，相对平坦，最高高程点位于麦垛山井田东北401钻孔附近，海拔高度为+1 552 m，最低高程点位于双马井田303钻孔附近，海拔高度为+1 310 m，相对高差最大约为242 m。受卜家庙子沟、周家沟及张家沟沟谷切割，麦垛山北部冲沟发育，地形相对高差较大；地表大多被沙丘所掩盖，且大多是风力成因的新月形沙丘或者垄状形态的流动型沙丘。枣泉井田内广布有相对高差为20 m左右的沙丘，由南向北渐低，地形总体比较简单。

研究区直罗组沉积厚度为0～601.17 m(双马井田M2609钻孔)，平均厚度为290.92 m。从研究区整个直罗组沉积厚度图(图3-1)来看：整体上直罗组沉降厚度在麦垛山井田、红柳井田中北部交界处较大，往红柳方向逐渐变薄，至红柳南部剥蚀缺失；在梅花井东部直罗组沉积厚度较大，往西逐渐变薄至西边界剥蚀缺失；在双马井田直罗组沉积厚度整体由中西部向西南、东北方向逐渐变薄，东北部由于断层错断抬升，直罗组剥蚀缺失；枣泉井田直罗组沉积厚度整体由南向北、由井田边界向内逐渐变薄，至中北部剥蚀缺失。

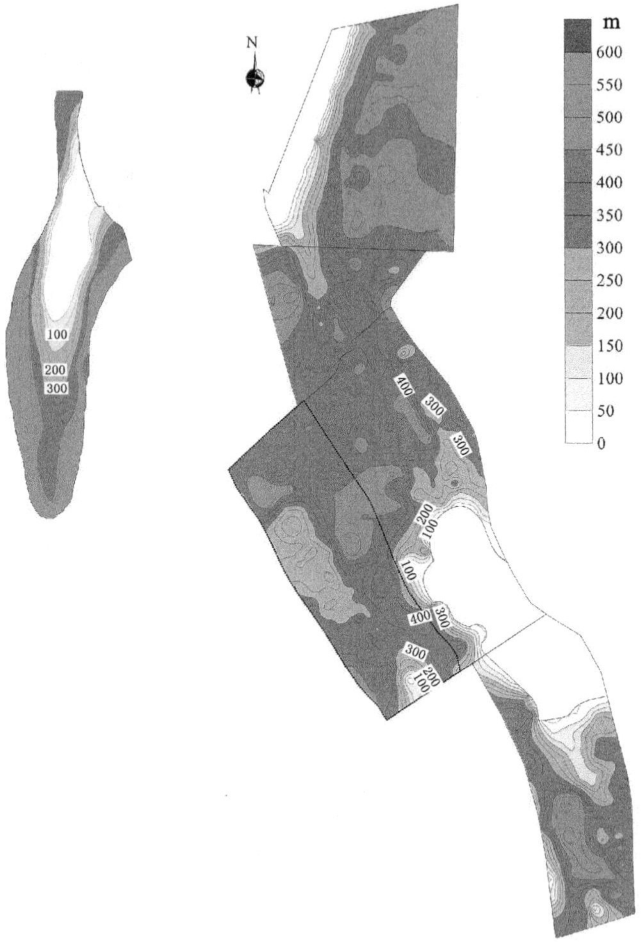

图 3-1　直罗组沉积厚度图

3.1.2　直罗组沉积体系与沉积相

砂质河道与砂坝厚度发育较好的砂岩地层能为地下水提供较好的赋存空间，砂岩的展布规律直接影响富水性的强弱。通过对直罗组沉积体系与沉积相的研究，分析砂岩在地层中的展布规律及发育状态、沉积单元组成及其沉积特征，可以为底层富水性的判断提供依据。

3.1.2.1　直罗组沉积体系与沉积相分析

井田划分沉积相、亚相及微相的主要标志有岩石颜色、岩石结构特征、测井曲线特征，而古生物化石特征等可作为辅助标志。

（1）岩石颜色

颜色是沉积岩最直观、最醒目的标志，是鉴别岩石、划分和对比地层、分析和判断沉积环境的良好指示剂，根据颜色的性质可以确定介质属于氧化环境还是还原环境。

宁东井田直罗组沉积岩常见的颜色有以下几种：

① 灰白色、黑色，含有机质（碳质、沥青质）所致，这些物质含量越高，颜色越深；并表明岩石形成于还原或强还原条件下。

② 红色、紫红色、褐红色、黄褐色，含有铁的氧化物或氢氧化物之故。这表明当时沉积介质为氧化及强氧化条件，其中黄色常见于炎热、干燥气候条件下的陆相沉积物中，而红色常见于炎热、潮湿气候条件下的陆相沉积物中。

③ 绿色，由含有 Fe^{2+} 和 Fe^{3+} 的硅酸盐矿物（海绿石、鲕绿泥石）所致。这代表弱氧化或弱还原的介质条件。

井田沉积岩整体的颜色显示中侏罗世直罗期井田的沉积环境为弱氧化环境。

（2）含煤地层的岩石结构特征

① 岩石类型及丰度。

根据钻孔钻探数据统计，各类岩石以粗碎屑为主占 58.1%，其中粗粒和中粒砂岩占 32.5%，细粒砂岩占 25.6%；细碎屑岩占 31.9%，其中粉砂岩占 29.3%，泥质砂岩占 2.6%；煤及碳质泥岩占 10%，其中碳质泥岩仅占 0.5%。

② 岩性描述。

a. 砂岩：各粒级砂岩在剖面中所占的厚度比较大，这是本区的显著特征。砂岩多为粗粒砂岩，其次为细粒砂岩。粗粒和中粒砂岩多呈厚层状及块状，具大型板状、槽状交错层理；细粒砂岩多为薄层状及中厚层状，具波状、缓波状及混浊状层理。砂岩中常含有煤屑及其透镜体和炭化植物茎干，底部有时含石英小砾石。镜下观察发现，砂岩多为不等粒长石石英砂岩（占 37.23%），其次为岩屑、长石石英砂岩（占 35.29%）。砂岩成分主要由石英、长石、云母、岩屑及重矿物组成。石英占72.84%，其表面光滑洁净，含显微包体，波状消光；长石占16.97%，其主要为正长石、斜长石和条纹长石；云母以黑云母居多，褪色，蚀变强烈；岩屑有云母石英片岩、泥岩、石英岩等；重矿物有电气石、石榴石、锆石、磷灰石、绿帘石和磁铁矿等，这是一种不稳定组合，是风化不彻底的产物。根据重矿物的种类及其组成，反映延安组沉积源岩主要为酸性岩浆岩和变质岩。

砂岩成分在剖面上的变化为：石英含量自下而上降低，至顶部略有回升；长石含量则与石英相反；岩屑基本上无变化，云母有自下而上增加的趋势。

b. 粉砂岩：在剖面上以中下部含量最高，平面上比较稳定。粉砂岩多为灰和浅灰色，富含云母、长石，黑云母较多，大多水化。石英几乎全为单晶，表面模糊，边缘溶蚀；填隙物约 40%，主要是铁泥质、钙泥质和铝土质，有少量菱铁质、绿泥石，普遍含有机质，含较多重矿物。岩石类型为长石石英粉砂岩、石英粉砂岩及泥质粉砂岩。

c. 泥岩：主要为黑灰、黑色团块泥岩和页岩，其中多见黄铁矿球粒、结核，层间见菱铁矿结核、植物叶片和根化石，多位于煤层顶底板或夹于粉砂岩中，厚度不大。泥岩主要成分为高岭石、水云母、伊利石等铝土矿物，含少量矿物碎屑，主要是石英、云母及长石，可见锆石、电气石、绿帘石等重矿物。主要岩石类型有高岭石质泥岩、高岭石-水云母质泥岩。

d. 碳质泥岩：多为块状及鳞片状，常夹有煤线及透镜体，构成煤层的直接顶板及夹矸。

(3) 含煤地层的古生物化石特征

① 古植物：古植物化石种类较多，其中大部分为本组的标准化石。主要种属有侧生似木贼、新芦木未定种、膜蕨型锥叶蕨、布列亚维叶蕨、大同锥叶蕨、裂叶爱博拉契蕨、亚洲枝脉蕨比较种、蕉羽叶、西伯利亚似银杏、大叶似银杏、拜拉未定种、楔拜拉未定种、竖直茨康诺司基叶、华丽拟刺葵、松型叶、披针苏铁衫。各类植物化石在本组中数量之比大致为：真蕨类、银杏类占 80%；其次为木贼类、苏铁类占 20%，其中真蕨类中的布列亚锥叶蕨占绝对优势，银杏类中的似银杏及拟刺葵所占比例较大。因此，植物组合为锥叶蕨-拟刺葵及似银杏组合，它们多是高大乔木，说明成煤植物以木本植物为主。

本组见到最多的是保存不完整的植物茎叶化石，普遍发生炭化，多保存在细粒砂岩、粉砂岩和泥岩中。在较粗的砂岩中，可见到植物的树干茎化石。本组煤层底板中常含有根化石，说明煤层主要是原地生成的。

② 古动物：动物化石种类较少，主要为瓣鳃类，其组合为假蛟蚌-费尔干蚌组合。瓣鳃类动物化石的存在说明当时为碱性水介质环境。遗迹化石主要有扰动构造，垂直虫孔、斜交虫孔，常见于粉砂岩和细粒砂岩中。本区直罗组植物化石丰富，植物化石有毛羽叶未定种、华丽拟刺葵比较种、披针苏铁杉、竖直茨康诺斯基叶。

(4) 测井曲线特征

测井曲线形态可以定性地反映地层的岩性、物性、粒度及泥质含量的变化，较好地反映沉积过程中的水动力条件和沉积方式，可以作为沉积环境研究的重要依据。自然电位主要受粒度、分选性、泥质含量的控制，曲线幅度变化能反映砂体渗透性高低和沉积时水动力能量的强弱，见图 3-2。

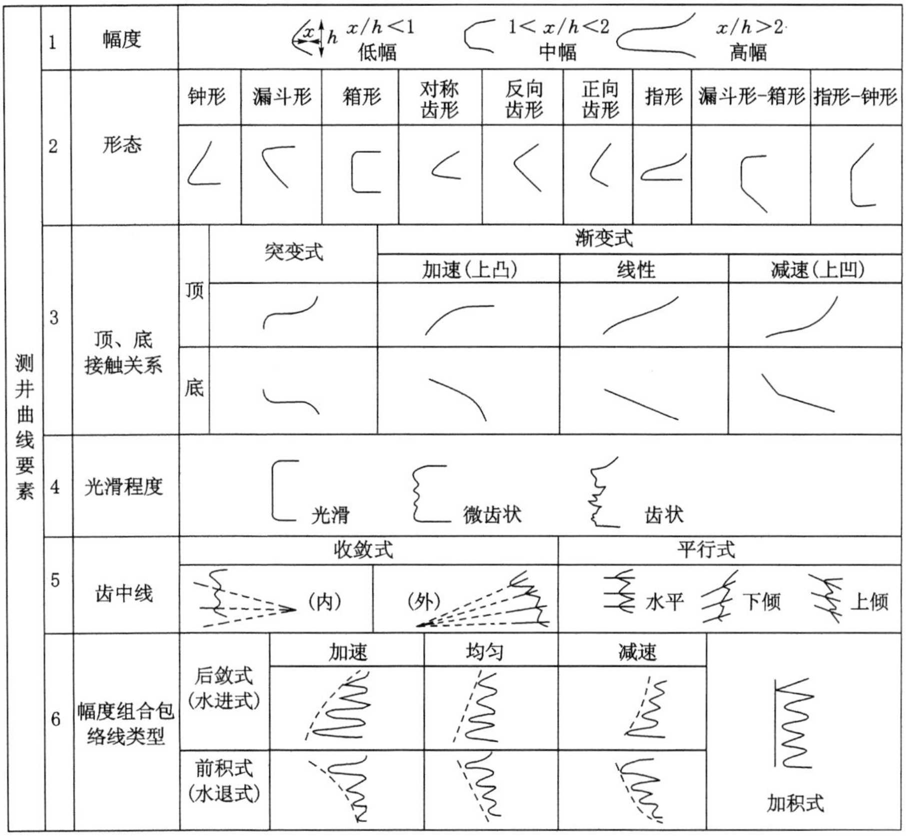

图 3-2　自然电位测井曲线要素图(依据马正，1981 年改编)

通过大量岩-电特征的对比分析发现，井田中侏罗统直罗组自然电位曲线形态主要有齿形、箱形、指形、钟形、漏斗形等，曲线的光滑程度以齿状、微齿状居多，进而确定研究区沉积微相的测井相标志(图 3-3)，建立了宁东地区测井相模式，见图 3-4。

① 辫状河亚相[图 3-4(a)]。SP、GR 曲线呈箱形或钟形，顶、底界面一般为突变型，偶夹有低幅齿形曲线，反映夹有泥质沉积。

② 曲流河亚相[图 3-4(b)]。底部 SP、GR 曲线突变且幅值较大，向上幅值依次减小，至粉砂岩和泥岩处减至最小。

测井相	自然电位曲线	沉积构造	韵律	自然电位曲线形态	代表井
水下分流河道		板状、槽状交错层理，块状层理，平行层理	正韵律或复合韵律	箱形、钟形、叠置钟形	马家滩301 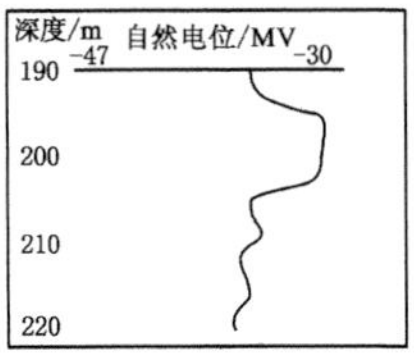
河口坝		低平槽状交错层理，沙纹交错层理等	反韵律	漏斗形-齿化、漏斗形-复合、漏斗形-指形	麦垛山2002 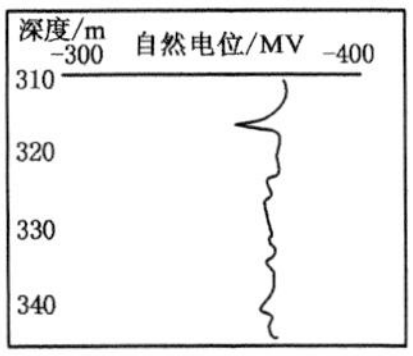
废弃河道充填沉积		小型波状交错层理及槽状交错层理	正韵律	对称指形	麦垛山2603 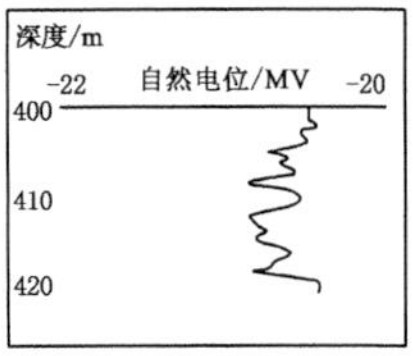
分流河道间沉积		小型交错层理、波状层理及沙纹层理	正韵律	钟形，较低缓，有时呈锯齿状	红柳1604 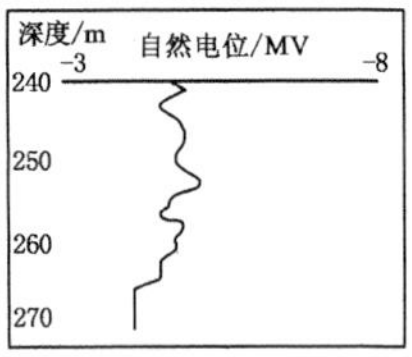
边滩		大、中型槽状或板状交错层理，间或出现平行层理	正韵律	钟形、叠置钟形，有时呈锯齿状	麦垛山803 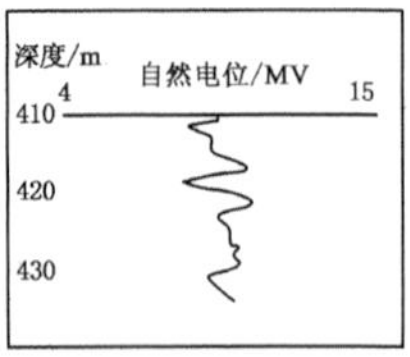

图 3-3　直罗组测井相标志

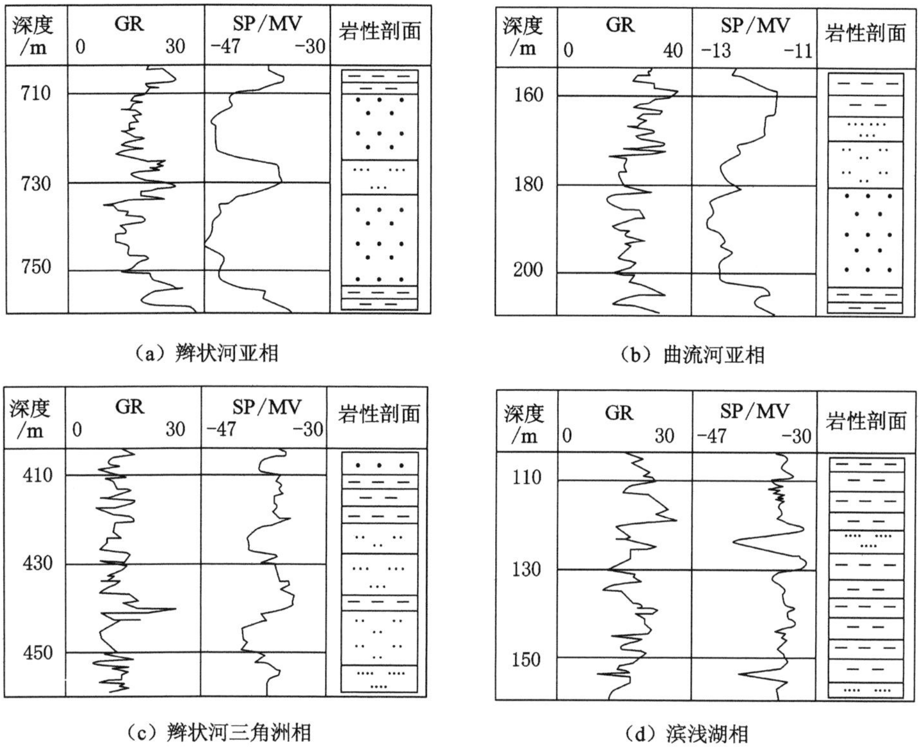

图 3-4　宁东地区测井相模式(SP—自然电位,GR—自然伽马)

③ 辫状河三角洲相[图 3-4(c)]。SP、GR 曲线为不规则的指形、锯齿状或馒头状,常常变化大而频繁。其中,三角洲平原分流河道和三角洲前缘水下分流河道曲线形态多表现为钟形、指形。

④ 滨浅湖相[图 3-4(d)]。SP、GR 曲线形态平直稳定,偶有指形峰,代表了湖相中薄层粉砂质或细砂质的滩砂沉积。

综上所述,测井曲线特征与沉积相、沉积环境之间有密切的关系,因此可以根据曲线特征对不同的沉积相加以识别。

3.1.2.2　直罗组沉积体系划分与沉积相类型

根据研究区现有的钻、测井资料和邻区地表露头资料对本区沉积相进行系统分析发现,研究区井田直罗组自下而上分为两段,主要发育辫状河-曲流河和滨浅湖沉积,不同演化阶段发育了不同的沉积体系类型。在各沉积体系中分别发育了不同的沉积相、沉积亚相和沉积微相,见表 3-1。

表 3-1　直罗组沉积体系分类表

沉积体系	沉积相	沉积亚相	沉积微相
河流沉积体系	曲流河	河床	河床滞留沉积、边滩沉积
		堤岸	天然堤、决口扇
		河漫	河漫滩
	辫状河	河床	河床滞留沉积、辫状河道、心滩
		河漫	河漫滩
辫状河三角洲沉积体系	辫状河三角洲	辫状河三角洲前缘	水下分流河道、河口坝、分流河道间沉积
		辫状河三角洲平原	辫状河沉积、废弃河道充填沉积
湖泊沉积体系	湖泊	滨浅湖	滩砂

根据岩石的成因标志和宏观沉积特征，区内延安组含煤地层的沉积环境类型可划分为浅湖三角洲体系和河流沉积体系两类，并以前者占绝对优势。在浅湖三角洲体系中，可细分出三角洲平原相、三角洲前缘相和前三角洲-浅湖相；河流沉积体系居次要地位，可划分出冲积河道相、泛滥盆地相及漫滩沼泽相等类型。各体系的沉积特征简述如下：

(1) 浅湖三角洲体系

① 三角洲平原相。三角洲平原相分布在三角洲层序的上部，是含煤地层中最主要的沉积类型，主要构成元素有分流河道及天然堤沉积组合、决口扇和决口三角洲沉积组合、分流间细粒越岸沉积组合和泥炭沼泽沉积。

a. 分流河道及天然堤沉积组合：分流河道沉积由各种粒级的砂岩组成，发育大至小型交错层理，底部具冲刷面。分流河道砂体明显具有向上变细的粒序特征，于其顶部即过渡为较细的垂向加积，含较丰富的植物化石。砂体厚度一般在 10 余米至 20 余米之间。在断面上，分流河道砂体呈透镜状，被粉砂、泥质沉积物所包围，顶部的细粒垂向加积部分较发育，这与决口分流水道砂体有较相似之处。分流河道砂体的测井曲线特征反映了总体向上变细的垂向层序；视电率和自然电位曲线均呈向上收缩形，底界面突变。

天然堤沉积在垂向上位于分流河道砂体之上，横向上则位于分流河道砂体两旁侧，多表现为较薄的粉砂岩、细粒砂岩互层，单层厚度一般为十几到几十厘米。

b. 决口扇和决口三角洲沉积组合：决口扇和决口三角洲的普遍发育是延安组含煤地层浅湖三角洲体系的重要特征。决口扇砂体主要由粉砂岩、细粒砂岩组成，以块状层理为主，有时可见小型交错层理、变形层理等，发育生物潜穴和扰动构造，常见植物根系直穿层面。决口扇砂体横向展布于河道砂体的旁侧，呈板状；在垂向上多呈夹层出现，厚度一般小于 3 m，其上、下与细粒沉积呈突变接触关系。决口扇砂体具重力流的沉积特征，砂体的内部颗粒磨圆度较差，杂基支撑，杂基含量多在 14.66%～20.81%之间。上述特点均表现了决口扇沉积作用为一种快速的堆积。

决口三角洲沉积包括了决口水道砂体和水道间细粒垂向加积沉积物。决口水道砂体在走向断面上呈平行展布的上凸状透镜体，具向上变细的粒序特点，砂体厚度可达 20 余米，宽度为 350～650 m，宽厚比为 20～30。决口水道间由粉砂、细粒砂岩和泥岩等充填，含较丰富的植物化石。决口三角洲的形成规模可达数十平方千米，通常成为稳定厚煤层发育的良好场所。

c. 分流间细粒越岸沉积组合：通常由粉砂岩、细粒砂岩和泥岩组成，发育水平层理或纹理，以及小型波纹层理和攀升层理等，常见植物化石或植物化石碎片。其层序特点表现为泥岩和粉砂岩、细粒砂岩的不等厚互层，单层厚度一般小于1 m，其间常夹有决口扇砂体。

d. 泥炭沼泽沉积：在三角洲平原环境中，后期通常演变为广阔的泥炭沼泽，形成较厚的稳定煤层。厚煤层的下伏层位一般以天然堤及决口扇、决口三角洲成因之细粒砂岩、粉砂岩和泥岩为主，有时也可以是废弃的分流河道砂岩。在稳定广阔的泥炭沼泽形成前的三角洲平原建设时期于分流间洼地局部出现泥炭沼泽环境，但大多只形成煤线或极薄的煤层，有时也可能形成中厚煤层。

② 三角洲前缘相。三角洲前缘相主要构成元素为河口坝沉积组合和水下分流河道沉积组合。

a. 河口坝沉积组合：通常由较细的砂岩和粉砂岩构成，可分为远端坝和近端坝两种形式，由主分流河道携带沉积物进入浅湖水体且向两侧和前方扩散形成的进积砂沉积所致。远端坝部分粒度较细，为一套粉砂岩和细粒砂岩薄互层，具水平层理，生物扰动构造较为发育；近端坝部分为一套细粒砂岩、中粒砂岩和粉砂岩互层，与远端坝比较，粒度总体较粗，发育小型交错层理、变形层理等沉积构造，构成河口坝沉积的主体部分。河口坝砂体的上、下界面均比较平直，呈席状展布形式，在垂向上总体显示了向上粒度变粗、互层厚度加大的特点。河口坝砂体的粒度区间跨度小，大多位于细砂级区间，分选性良好。

b. 水下分流河道沉积组合：水下分流河道砂体为三角洲平原之分流河道砂体向三角洲前缘方向延伸的部分，由各种粒级的砂岩组成，发育大至中型层理和块状层理，底部也具有冲刷面。在垂向上，其顶、底一般为三角洲前缘至浅湖的水下泥质或粉砂岩沉积。其测井曲线特征中的视电阻率和自然电位两个参数曲线构成箱状形式，顶、底线均呈突变。

③ 前三角洲-浅湖相。前三角洲-浅湖相在垂向层序上位于三角洲层序的底部，由具水平层理或纹理的泥岩、粉砂质泥岩或粉砂岩组成，单层厚度一般小于3 m，不含或者含少量的植物化石碎片，偶尔可发现蚌壳类动物化石，其下伏层多数情况下为另一三角洲层序顶部的主要煤层。

（2）河流体系

延安组含煤地层中河流沉积体系的发育程度比浅湖三角洲体系差，其沉积相的构成大致划分为冲积河道相、泛滥盆地相及漫滩沼泽相等类型。

① 冲积河道相。冲积河道相由各种粒级的砂岩、砂砾岩组成，其垂向层序和沉积构造特点为：

a. 砂体呈多阶性，沿古流方向侧向加积；常见层间冲刷面，以底部冲刷面最为明显；冲刷面凹凸不平，对下伏地层有较强的冲刷作用。

b. 明显具有向上变细的垂向层序，底部常存在较粗的滞留沉积，顶部过渡为细的泛滥盆地沉积。

c. 随着粒度向上变细，交错层理的规模也由大变小，层理类型由大型的交错层理过渡到小型的交错层理、攀升沙纹层理等。

② 泛滥盆地相。在横向上，泛滥盆地相位于冲积河道相两侧，由较细的细粒砂岩、粉砂岩、粉砂质泥岩和泥岩组成，常见水平层理和攀升层理。泛滥盆地相和河道相间常夹有决口扇砂岩，为河道决口快速堆积而成。在垂向上，泛滥盆地相位于冲积河道砂岩之上，构成完整的向上变细的河流充填层序。

③ 漫滩沼泽相。漫滩沼泽相在垂向上位于泛滥盆地相之上，自下而上为碳质泥岩、根土岩和煤。在横向上，这种相单元代表了河流沉积体系中离冲积河道最远的沼泽沉积。由于冲积河道的迁移，漫滩沼泽随之扩展，并具有较好的延续性，形成广泛分布的稳定厚煤层。

综上所述，区内延安组含煤地层中存在各种不同的沉积组合单元，它们的沉积特征均较明显，直罗组沉积岩以砂岩为主，且各砂岩在剖面中所占的厚度比较大，直罗组沉积相以辫状河及辫状河三角洲沉积为主，形成了大面积分布的河道砂坝砂体和水下分流河道砂体，浅湖三角洲体系分布在含煤地层的中部，河流沉积体系分布在含煤地层的下部和顶端，为地下水的储集提供了良好的空间。

3.1.3 直罗组砂岩含水层沉积控水规律分析

3.1.3.1 直罗组砂岩沉积相分布和含水层关系

延安组煤层开采有重要影响的直罗组含水层主要是指由粗、中、细粒砂岩构成的砂岩含水层，这些砂岩含水层主要发育于河流沉积体系的河床滞留沉积、河道砂坝、废弃河道沉积、心滩和点砂坝微相；辫状河三角洲前缘亚相中的水下分流河道和河口砂坝微相，以及辫状河三角洲平原亚相中的辫状河道和废弃河道充填沉积等微相。

(1) 河口砂坝和水下分流河道微相

该沉积微相是直罗组中段骨架砂体和主要砂岩含水层，其沉积组合常常表现为砂岩相，剖面自下而上依次出现含泥砾的细粒砂岩相—板状交错层理砂岩相—槽状层理砂岩相—平行层理砂岩相—沙纹层理粉砂岩相。砂岩底部可见冲刷面，多数井垂向序列发育，但不完整，总体呈向上变细的正韵律特征。在水下分流河道微相中也常常发育平行层理细粒砂岩相。这种砂体单层厚度大，横向稳定性好，空间展布大。岩性为灰色至灰绿色细粒砂岩，细层厚度一般为1～2 m，层系厚度为 10 m 左右，平行层理多发育于交错层理之上或之间，反映了水动力条件为较强的侧向加积与较弱的垂向加积交替变化的过程。河口砂坝沉积砂体厚度较大，总体厚度约为 120 m，梅花井井田河口砂坝沉积厚度相对较大，可达200 m 以上，大套的厚层砂岩为地下水的发育提供了良好的储存空间。水下分流河道在直罗期中期广泛发育于各井田，沉积厚度较大(80～200 m)，见图 3-5。

(2) 河床滞留沉积和河道砂坝微相

这是一类在河流沉积体系下形成的一套含泥砾砂岩相。其主要出现于直罗组下段和上段的下部，冲刷面和滞留沉积在砂岩底部常见，底部为灰色粗粒砂岩，其上有深灰色泥砾岩，粒度为 0.3～3.0 cm，一般为 1～2 cm。垂向上，沉积物粒度表现为下粗上细。泥砾成分主要为泥岩、粉砂质泥岩，泥砾排列略具定向性，主要出现在冲刷面上。冲刷面和滞留沉积在直罗组下段和上段的下部十分发育，反映了广泛分布的河流及其对砂坝的切割充填作用。冲刷厚度为 2～8 m，一般为 6 m 左右，含大量泥砾、炭屑和泥岩条带。

(3) 辫状河道和废弃河道充填沉积微相

该沉积微相常形成细粒砂岩相，板状交错层理发育；主要出现在直罗组的中段，为灰绿色至灰色细粒砂岩，层系上、下界面平直，呈板状。厚度较稳定，单层厚度为 4～15 m，纹层厚度为 1 m 左右，层系组厚度为 10 m 左右。纹层面上见细小炭屑、植物碎屑，层系下界面有冲刷面。辫状河道砂体垂向上相互切割，横向上叠加连片。

(4) 辫状河心滩和曲流河边滩砂坝微相

该沉积微相常形成细粒砂岩相，槽状交错层理发育，岩性为灰色至灰绿色细粒砂岩、粉细砂岩。在横剖面上各层系的底界呈凹弧形，具有明显的槽状侵蚀底界。层面上见细小炭屑、植物碎屑。层系厚度约几米，层组厚度平均约为 10 m。

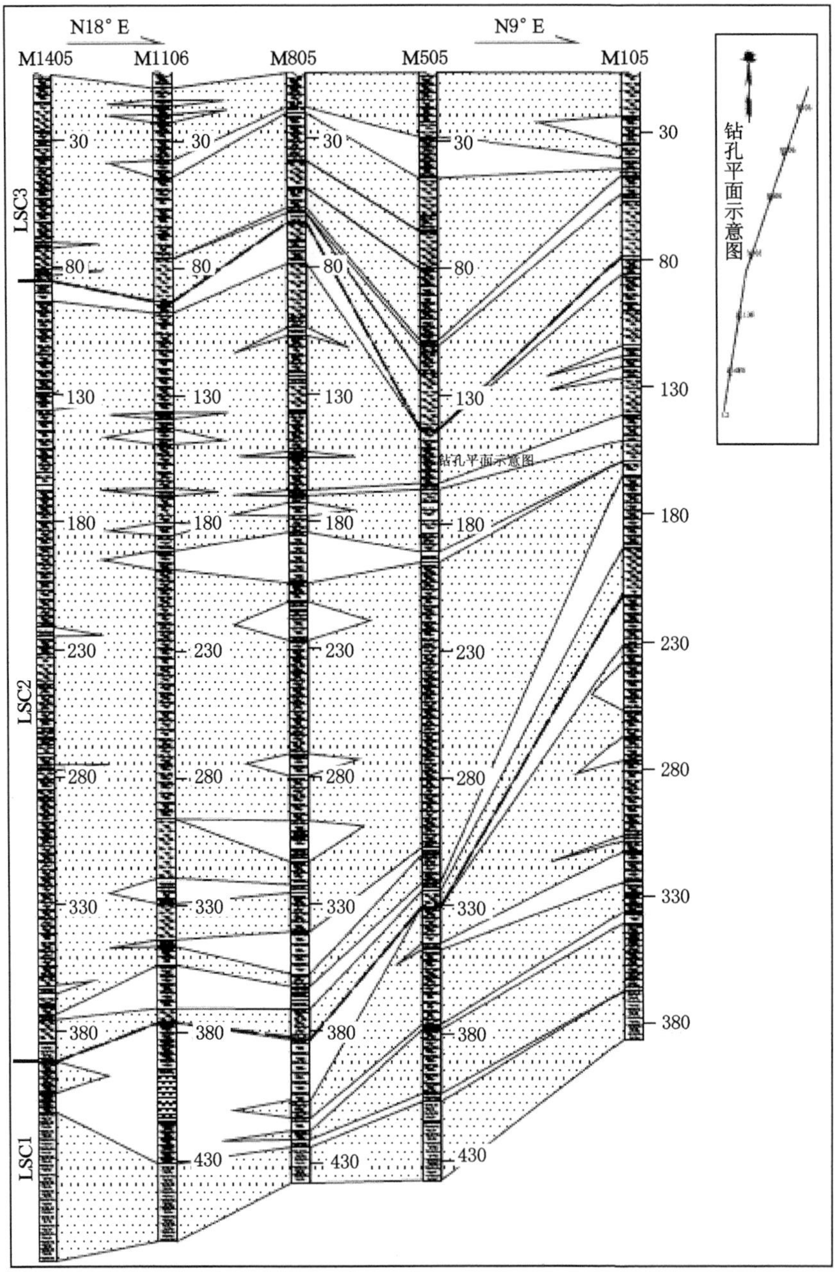

图 3-5 梅花井南北向沉积断面图

辫状河心滩主要发育在直罗组的下段沉积中，其形成的砂岩厚度为 85～115 m。在直罗组的上段曲流河边滩沉积较发育，在边滩发育地段砂体厚度为 80～120 m。

3.1.3.2　基于沉积控水规律的含水层富水性分区

宁东直罗组含水层为砂岩含水层，其含水性的强弱主要取决于砂岩层的厚度(见图 3-1)，结合以上分析，研究区直罗组砂岩含水层含水性分为三个级别，分别为强、中等、弱三个等级，见图 3-6～图 3-8。其中，强富水区砂岩厚度大于 200 m，中等富水区砂岩厚度为 100～200 m，弱富水区砂岩厚度为 0～100 m。

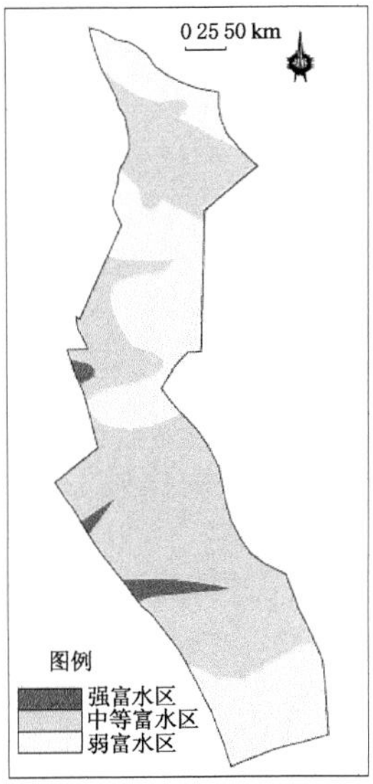

图 3-6　直罗组上段富水性分区

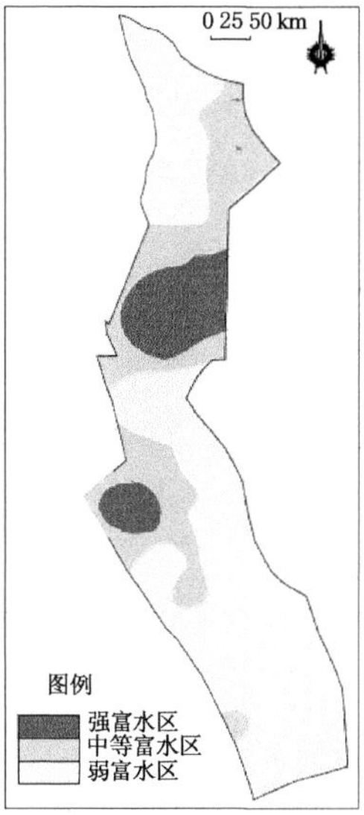

图 3-7　直罗组中段富水性分区

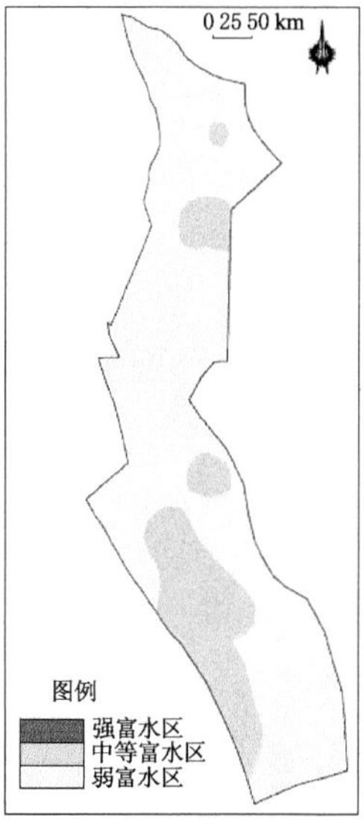

图 3-8　直罗组下段富水性分区

根据宁东直罗组垂向上岩性变化，其可分为上、下两段，其中依据上段岩性可分为上、中两部分，其井田富水性分区情况如下：直罗组下段绝大部分地区为弱富水区，仅在井田东北角出现小范围的中等富水区；直罗组上段中部井田大部分为强富水区，仅井田西北部为中等富水区；直罗组上段上部井田中东部地区为弱富水区，西部地区为中等富水区。由于沉积环境的不同，直罗组在不同层位以及在同一层位的不同地区，地层的富水性表现出一定的差异。

以露头、岩芯、测井资料为基础，利用沉积岩石学、现代沉积学及地层学等理论，通过区域地层对比标志层和层序界面的确定，建立直罗组层序地层等时格架；在基准面旋回控制的等时地层格架内，分析沉积体系类型、沉积相及砂体的展布规律；并结合地层、沉积体系、沉积相特征与层序地层学研究与分析，在此基础上初步确立直罗组砂岩含水层的富水性强弱分区，说明宁东井田直罗组含水层富水性不均，“沉积控水”规律较为明显，由此为宁东煤矿顶板水害防治奠定基础。

3.2 研究区地质构造控水规律研究

3.2.1 各矿构造情况

梅花井井田位于鸳鸯湖背斜东翼中部，井田构造整体呈近南北走向，为由西向东倾伏的单斜构造，倾角向东逐渐变缓，次一级褶皱不发育；断层以 NE 向的正断层为主体，其次为 NW 向的逆断层，构造总体特征明显。

石槽村井田位于鸳鸯湖背斜南端，马柳逆断层和长梁山-马家滩向斜之间，井田内赋煤构造特征主要受鸳鸯湖背斜影响，背斜轴线走向大致为北西 15°，由北向南倾伏。两翼发育不对称，西翼地层整体走向大致为 340°～350°，倾角通常为 15°～25°，构造简单；东翼地层走向一般为 300°～330°，倾角较缓，多为 10°～25°，发育次级褶皱，如张家庙向、背斜和李家圈向、背斜。背斜东翼一侧 S3 线以北断层不发育，井田南部边界至 S3 勘探线断层发育相对较为集中。井田内发育的褶皱主体轴向多为 NNW 向。

麦垛山井田内，含煤地层的倾角一般在 10°～30°之间；背斜翼部地层倾角较大，为 20°～45°，局部可达 60°。井田边界构造和井田主体构造主要受控于于家梁断层、杨家窑正断层、麦垛山断层、杜窑沟断层和于家梁-周家沟背斜及长梁山向斜等较大的褶皱；较大断层以逆断层为主，正断层多为 NNW 向和 NNE 向，共发育断层 25 条。

红柳井田构造线总体为 NNW 向，断裂、褶皱构造非常发育，规模较大。根据地震解释成果和钻孔揭露显示，区内煤层的赋存形态以长梁山向斜、鸳鸯湖背斜和马家滩复式背斜为主体构造的背、向斜相间的构造形态，受张家庙逆断层的影响，发育有次一级的褶皱——张家庙向斜。大的断裂有马柳断层、张家庙逆断层、李新庄西侧断层、HF7 断层、HF8 断层等，共发育断层 44 条。

双马井田内整体构造线方向大致为 NNW 向，发育较多大型褶皱及断裂构造，形成以周家沟于家梁背斜、长梁山马家滩向斜及鸳鸯湖-冯记沟背斜为主体构造的背、向斜相间构造形态。井田内还发育有两组呈 NNW 向和 NEE 向延伸的断裂，前者以逆断层为主，后者因受到南北向扭应力和张应力的控制，形成了总体呈 NEE 向延伸的一系列正断层。煤层倾角变化较大，一般为 15°～60°，较大值往往出现在煤层露头附近及断层带周围。主要褶皱构造由西向东有周家沟于家梁背斜、长梁山马家滩向斜、鸳鸯湖-冯记沟背斜，并伴生次一级向、背斜。区内断裂构造主要发育有 F9 断层、杜窑沟断层、李新庄断层、F1 断层、F2 断层、F5 断层、马柳断层等 253 条断层。井田内地质构造属中等，局部偏复杂。

枣泉井田东临鄂尔多斯台拗，西接六盘山弧形构造带，呈南北向的狭长地带，其南北方向均延至区外。本区由一系列 NNW 向或近 SN 向的褶皱群及与之相伴的断层组成。北部以褶皱为主，断层稀少，向南断层发育破坏了褶曲的完整性。西以青铜峡-固原断裂为界，东止马家滩-柳条井断裂，自西向东发育 4 个逆冲席，分别为罗山、韦州、石沟驿和烟墩山逆冲席，它们共同构成了该区推覆系统，4 个逆冲席呈叠瓦状自西向东依次推覆。马儿庄断裂与马家滩-柳条井断裂之间则属前缘带。该区具有典型的逆冲推覆构造特征，构造线总体为 NNW 向，断裂、褶皱相伴生，非常发育。

3.2.2 构造定性分析

3.2.2.1 断层划分

(1) 按断层的位移性质划分

通常按断层两盘相对位移关系可将断层分为正断层、逆断层和平移断层。统计本区已有的构造资料可知，研究区共有 260 条逆断层和 111 条正断层，无平移断层。本书主要研究切穿 2# 煤顶板和直罗组岩层的断层。研究区 2# 煤层顶板及直罗组断层位移性质分类如表 3-2 所列。

表 3-2 研究区 2# 煤层顶板及直罗组断层位移性质分类

井田	断层分类	
	正断层	逆断层
梅花井井田	DF1、DF2、DF3、DF5、DF7、DF9、DF11、DF14、DF17、DF18、DF19 断层	DF4、DF6、DF8、DF10、DF20、DF21 断层
石槽村井田	新碱沟北、杨家窑北、杨家窑、新碱沟、DF5、DF8、DF11、DF12、DF17、DF18 断层	张家庙、李家圈、南淌、马柳、DF1、DF2、DF6、F20 断层
红柳井田	新碱沟、HF12、HF15 断层	张家庙、张家庙支一、马柳、李新庄西侧、马柳支一、DF1、HF2、HF3、HF4、HF5、HF7、HF8、HF10、HF13 断层
麦垛山井田	石荒洼、F2 断层	于家梁、杜窑沟、F1、F3、F4、F6、F7、F9、F10、F11、F14、F16、F17 断层

表 3-2(续)

井田	断层分类	
	正断层	逆断层
双马井田	EF22、EF32、WF3、WF14、WF63、WF78、WF93、WF125、WF130、WF131 断层	于家梁、杜窑沟、李新庄、马柳、F1、F9、EF2、EF3、EF8、EF9、EF11、EF18、EF25、EF33、EF40、EF48、EF50、EF54、EF58、EF59、EF64、EF68、EF70、WF6、WF17、WF21、WF24、WF26、WF27、WF34、WF37、WF53、WF61、WF67、WF70、WF71、WF72、WF80、WF82、WF83、WF84、WF85、WF118、WF120、WF121、WF147 断层
枣泉井田	DF34、DF35、DF36、DF37、DF38、DF39、DF40、DF41、DF42 断层	DF43、DF44、DF45、DF46 断层

(2) 按落差大小划分

断层使岩层完整性及连续性遭到破坏,规模不同的断层给煤层安全开采带来的威胁程度也不同。通常将落差小于 5 m 的断层称为小型断层,落差在 5～20 m 之间的断层称为中型断层,落差在 20～50 m 之间的断层称为大型断层,落差在50 m 以上的断层称为特大型断层。根据本研究区实际情况,本书将全区断层按落差大小归纳划分为 5 种类型(表 3-3)。

表 3-3　研究区 2# 煤顶板及直罗组断层落差大小分类

井田	落差				
	≥100 m	50～<100 m	20～<50 m	5～<20 m	<5 m
梅花井井田	—	DF2、DF6、DF8、DF10 断层	DF1、DF3、DF4、DF5、DF7、DF9、DF14、DF17、DF20 断层	DF11、DF18、DF19、DF21 断层	—
石槽村井田	张家庙、杨家窑北、DF1、马柳、杨家窑断层	李家圈、新碱沟北断层	新碱沟、DF2、DF5、DF8、DF11、DF12、DF17、DF18、F20 断层	南淌、DF6 断层	—
红柳井田	马柳、马柳支一、张家庙、李新庄西侧、HF2、HF3、HF4 断层	DF1、HF7 断层	新碱沟、HF5、HF8、HF10、HF12、HF13、HF15 断层	张家庙支一断层	—

表 3-2(续)

井田	落差				
	≥100 m	50～<100 m	20～<50 m	5～<20 m	<5 m
麦垛山井田	于家梁、杜窑沟、F1、F2、F9、F10断层	石荒洼、F3、F4断层	F7、F11、F16、F17 断层	F6、F14 断层	—
双马井田	于家梁、杜窑沟、李新庄、马柳、F1、F9、EF2、EF3、EF8、EF9、WF53断层	EF11、EF54、EF70、WF67、WF72 断层	EF18、EF25、EF32、EF33、EF40、EF48、EF50、EF58、EF64、EF68、WF3、WF6、WF14、WF17、WF21、WF24、WF27、WF34、WF37、WF61、WF70、WF71、WF78、WF120、WF125、WF147 断层	EF22、EF59、WF63、WF80、WF82、WF83、WF84、WF85、WF93、WF118、WF121、WF130、WF131 断层	WF26断层
枣泉井田	—	—	DF40 断层	DF34、DF35、DF36、DF37、DF38、DF39、DF41、DF42、DF43、DF44、DF45、DF46断层	—

(3) 按断层走向划分

① 梅花井井田主要断层走向。

近 NE 走向断层 13 条:DF1、DF2、DF3、DF4、DF5、DF7、DF9、DF10、DF14、DF17、DF18、DF19、DF20 断层。

近 NW 走向断层 4 条:DF6、DF8、DF11、DF21 断层。

② 石槽村井田主要断层走向。

近 NW 走向断层 7 条:张家庙、李家圈、南淌、DF1、DF2、DF6、F20 断层。

近 NE 走向断层 11 条:新碱沟北、杨家窑北、杨家窑、新碱沟、马柳、DF5、DF8、DF11、DF12、DF17、DF18 断层。

③ 红柳井田主要断层走向。

NW 走向断层 14 条:DF1、马柳、马柳支一、张家庙、张家庙支一、李新庄西侧、HF2、HF3、HF4、HF5、HF7、HF8、HF10、HF13 断层。

NE 走向断层 3 条：新碱沟、HF12、HF15 断层。

④ 麦垛山井田主要断层走向。

近 NNW 至 NW 走向断层 13 条：于家梁、杜窑沟、F1、F3、F4、F6、F7、F9、F10、F11、F14、F16、F17 断层。

近 NE 至近 EW 斜交断层 2 条：石荒洼、F2 断层。

⑤ 双马井田主要断层走向。

近 NNW 至 NWW 走向断层 24 条：于家梁、李新庄、杜窑沟、F1、F9、EF2、EF3、EF8、EF11、EF18、EF32、EF64、EF70、WF6、WF21、WF26、WF34、WF63、WF70、WF71、WF78、WF80、WF83、WF93 断层。

近 NNE 至 NEE 走向断层 19 条：马柳、EF33、EF48、EF58、EF59、WF14、WF24、WF27、WF37、WF53、WF61、WF67、WF72、WF82、WF84、WF85、WF120、WF121、WF147 断层。

近 SN 走向断层 13 条：EF9、EF22、EF25、EF40、EF50、EF54、EF68、WF3、WF17、WF118、WF125、WF130、WF131 断层。

⑥ 枣泉井田主要断层走向。

近 NE 走向断层有 12 条：DF34、DF35、DF36、DF37、DF38、DF39、DF40、DF41、DF42、DF44、DF45、DF46 断层。

近 NW 走向断层有 1 条：DF43 断层。

3.2.2.2 褶皱

区内主要大型褶皱有鸳鸯湖背斜、长梁山-马家滩向斜、大羊其向斜、马家滩背斜、于家梁-周家沟背斜、鸳鸯湖-冯记沟背斜、碎石井背斜、赵儿塔向斜等。同时在断层较为集中的地方，例如在石槽村新碱沟子正断层附近，局部出现波状起伏。

(1) 鸳鸯湖背斜

鸳鸯湖背斜北端起始于梅花井井田西南，向南延伸穿过石槽村井田后，轴部南端在红柳井田内到 11 勘探线逐渐尖灭。背斜轴走向为北西 15°～25°，向北至第 8 勘探线以北转为北东 20°，基本上与背斜东翼的含煤地层走向一致，本区内轴线长 8.6 km，褶幅 150～880 m；轴面东倾 78°，两翼产状不对称发育，西部一翼较陡。

(2) 长梁山-马家滩向斜

北端长梁山向斜被麦垛山正断层和杨家窑正断层切割后延伸至东庙勘探区，在红柳井田南部被李新庄西侧断层和杜窑沟断层切割成不完整的向斜，向南部延伸并在双马井田中部同马家滩向斜相接。横贯南北，轴向 NNW，呈 S 形延伸展布。北部两翼对称，地层倾角为 20°～35°；在双马井田内受 F1 断层影响，呈不对称形态，西翼完整，东翼残缺，向斜轴南北起伏不大。东翼的 807 钻孔附近有一个小的隆起，为长梁山向斜东翼派生出的次一级褶皱。

(3) 大羊其向斜

大羊其向斜位于红柳井田中区，位处张家庙背斜及马家滩背斜之间，轴向 NNW，其两端在井田内逐渐消失。其西翼岩层倾角一般为 4°～9°，东翼岩层倾角相对较陡，为 11°～26°。

(4) 马家滩背斜

马家滩背斜位于红柳井田东部，轴向 NNW，呈倒 S 形展布，南端延伸至区外，北端逐渐消失，区内控制长度约 14 km，属于可靠构造。其轴部宽缓，岩层倾角仅 0°～5°；东西两翼倾角较陡，岩层倾角为 9°～25°。褶皱波幅为 0～1 100 m，最浅部位在 26 地质勘探线处，所有煤层全部被剥蚀。其西部还发育有大羊其向斜、张家庙背斜等次生褶皱。

(5) 于家梁-周家沟背斜

于家梁-周家沟背斜位于麦垛山井田西部，贯穿井田南北，轴向 NNW，呈 S 形延伸，区内延伸约 15 km。北端被麦垛山大型正断层切割后延伸至东庙勘探区。井田内北段由北向南逐渐抬升隆起，至 12 地质勘探线的 1203 钻孔北东方向约 320 m 处，2# 煤层的标高为 1 190 m，为轴部最高点；向南开始向东南方向宽缓倾伏，且轴部伴有幅度很小的起伏，在 21～23 地质勘探线处，轴部被 F9、F10 断层错开；南段受断层影响，两翼倾角增大，并延展至区外。

受于家梁断层和东部断层的挤压切割影响，北段背斜轴部宽缓，地层倾角在 8°～15°之间，背斜西翼受于家梁断层影响，地层陡倾，倾角在 31°～46°之间，局部甚至高达 62°，背斜东翼与长梁山向斜相接，岩层倾角在 19°～35°之间；南段背斜受 F9、F10 断层影响，背斜轴部逐渐隆起，西翼向南倾角逐渐增大，在 20°～45°之间，东翼基本为一单斜，岩层倾角约为 30°，波幅变化较大，在 0～840 m 之间。

(6) 鸳鸯湖-冯记沟背斜

鸳鸯湖-冯记沟背斜位于双马井田的东部，轴向 NNW，两翼地层倾角较小，为 10°～15°，轴线延伸约 9 km。在北部 1～SM8 地质勘探线之间，背斜的转折端平而宽缓，向南逐渐变窄。19 地质勘探线以北地区由于该背斜煤层埋藏较浅，12# 煤层以上的所有煤层不同程度地被剥蚀。其轴部为延安组的剥蚀区，轴部的两翼有煤层隐伏露头，煤层产状平缓。

(7) 碎石井背斜

碎石井背斜为枣泉井田内的主体构造，是一两翼对称向南倾没的背斜构造。轴部：轴线在平面上的走向近乎南北，其中，北段为 N25°E，中段为 N8°E，南段为南北向至 N8°W，总体呈向西突出的弧形。在走向剖面上有幅值小于 30 m 的波状起伏，主要表现在 20 地质勘探线附近的下陷和 28 地质勘探线附近的隆起，致使煤层底板等高线在该处出现封闭圈。轴面直立，轴部地层产状为 3°～5°。背斜轴在井田内长度为19 km，但南北两端均已延伸到井田边界以外，全长约 35 km。两翼：地表仅有零星露头，主要分布于井田的中、北部。两翼地层产状一般为 15°～36°，东北角东翼深部可达 40°～45°，平均地层产状小于 25°，地层走向与轴向一致，总的近似南北向，具体可划为北段 N20°～25°E，中段 N5°～15°E，南段南北向至 N15°～8°W。碎石井背斜轴实际情况与勘探情况基本一致。

(8) 赵儿塔向斜

赵儿塔向斜为枣泉井田东北边界构造，位于井田北部赵儿塔附近，走向长为 2.8 km，轴向西北部为 N50°W，向东南呈弧形急转为南北向，轴面由东北倾转为东倾，倾角为 72°～84°。两翼不对称，在 29 地质勘探线东翼稍陡于西翼，在三条构造小剖面线上，则表现为东北翼陡，西南翼缓。向斜沿走向与火烧坡背斜相连接。

3.2.3 地质构造控水规律

3.2.3.1 断层控水规律

断裂构造往往会伴生构造薄弱的破碎带，透水性通常较好，且易形成良好的充水通道。而对于大规模的断裂构造，因断层两盘附近发育较多牵引裂隙，致使此类断层(或断层带)具导水性，其自身因含水空间较多又易成为含水体，即易成为充水水源。在以往发生的突水事故中，因断层面和牵引裂隙带含导水所导致的突水案例屡见不鲜。总结以往的研究经验可知，断层引发的突水主要有以下规律：

(1) 张性断层更易富水

自然状态下，岩石的抗张强度仅为抗剪强度的 1/3，因此岩石更容易发生张性断裂。一般认为张性断裂导水性最强，扭性断裂次之，压性断裂导水性最弱。正断层包括剪性正断层和张性正断层。剪性正断层总体构造特征为剪性，但同时表现出一定的张性特点；张性正断层则具有典型的张性构造特征，即断层面比较粗糙、断层岩中角砾状砾多为棱角状、次棱角状，且排列杂乱无章。张性正断层是由于上盘的拉张并沿断层面相对下盘下滑形成的，因此正断层的上盘相比下盘，断层带内裂隙比较发育，连通性好。另外在煤层开采时，由于上盘煤层比下盘煤层埋藏深，产生更大的矿山压力有利于断层的进一步活化，使得上盘的裂隙增加，连通性加强，更易于导水。

在本研究区红柳井田内，根据施工过程中简易水文观测，断层附近的钻孔施工中有漏水现象，表现为正断层岩性较为破碎，漏水较严重，说明正断层富水性较强，有导水的可能；逆断层岩性破碎时有漏孔现象；通过对钻孔简易水文观测资料进行比较可以看出，以马柳断层为代表的逆断层，断层破碎带涌水量与正常地层含水层涌水量相比变化不明显，对在原始状态下逆断层的含、导水性能影响较小，富水性较弱；随着开采活动进行，断层破碎带受地下应力影响发生变化，断层导水性将明显增加，阻水构造也可变为导水构造。以 DF4 断层为代表的正断层，漏水较严重，富水性较强，在地下应力发生变化时，极易导水，更有贯通其间各含水层的可能，甚至成为发生突水的地段，在今后的煤矿生产中应特别重视。

(2) 断层组合、构造密集处更易富水

在走向不同的各条断层的交界处，如梅花井南部走向北东的 DF5、DF9、DF10 断层和走向北西的 DF8 断层交界处，以及主断层与其分支断层的交界处，如红柳井田东部边界断层马柳逆断层和马柳支一逆断层分支处，裂隙往往比断层其他部位还要密集，相互之间连通性好，尤其是张性断裂的交界处，更有利于地下水的导通。同一断层上具有不同的导水优势部位，故若有多条断层互相组合，就会形成不同的导水优势部位组合。

总结以往资料可知，在落差大的正断层的上盘附近出现的张性裂隙，通常会更容易发展成为落差较小的小型正断层，即大型正断层上盘伴生的次级小断层及其附近的张性裂隙均十分发育，当小断层和裂隙密集成群出现形成断层影响带或裂隙密集带时，不但可以导通附近水源，而且因储水空间较多，若遇补水还可成为良好的储水体。一旦发生突水，突水点往往呈分散型、成片分布。在较高的承压水水头压力影响下，更容易引发突水事故。

(3) 同一条断层不同部位含水性和导水性不一定相同

总结实际经验可知，对于断层特别是大型断层，其各个部分水文地质条件有可能会发生方向性或者区域性的变化，不同部位岩性对接关系、应力分布状态不同，因此同一条断层在不同方向、不同部位的含水性和导水性有可能会发生变化。例如，研究区麦垛山井田 F9、F10 两条逆断层的力学性质应属于压性或压扭性断层。断层上盘推覆、挤压作用使得断层两盘接触面空隙缩小，也使得原始裂隙的开度很小，加之断层两盘砂岩与泥质岩相互对接，裂隙孔隙发育程度明显降低，从而使得断层两盘接触面构成阻水屏障，由此也造成断层带的富水性和导水性较弱，起到相对阻水作用。但断层一侧(上盘或下盘)地下水运移受阻，使得迎水面的一侧地下水易于汇集而相对富水。

3.2.3.2 褶皱控水规律

(1) 背斜轴部易富水：众多勘探资料表明，在背斜轴部及其两翼构造影响带，受多次构造运动影响，在一般情况下，砂岩属性脆的岩石，由于岩层的褶皱弯曲，易产生次生裂隙或局部岩石破碎，从而沟通了与其邻近含水层之间的水力联系，并有利于裂隙地下水的补给、运移和赋存，因此往往在背斜轴部一带裂隙地下水易于富集。

(2) 纵弯褶皱中和面下方较上方更易富水：在应力作用下，岩石中一般会有褶皱产生，岩石的产状也会发生改变，在形成背、向斜构造的过程中，水平岩层在区域性水平向压应力作用下往往会形成纵弯褶皱，早期在尚未形成的临界之前，一般会有平面的共轭剪节理出现，之后随着区域性水平压应力进一步作用，纵弯褶皱开始出现并继续发育，在褶曲中和面上方部位，一般可形成晚期共轭剪切节理系，在中和面下方会产生拉张性节理。纵弯褶皱产生后，因受挤压作用，中和面上部的裂隙开启程度很小，裂隙密闭；中和面下部的拉张性裂隙开启程度较大。若岩性是砂质泥岩或者泥岩类的隔水层，在中和面上部的背、向斜构造附近通常会形成相对富水区域。

(3) 陡倾紧闭褶皱更易富水：在形成背、向斜构造的过程中因所受构造应力的作用形式及大小的差异，会产生陡倾紧闭以及缓倾开阔的背、向斜。陡倾紧闭的褶曲所遭受的构造应力较强，在褶曲的核部发育较多横张和纵张性质的裂隙，同时也会存在较多层间滑脱现象，从而引起地下水水交替及水循环较为活跃，从而形成相对富水区域。

(4) 采动影响：受背、向斜构造的影响，在工作面回采后，顶板岩层发生垂向垮落的同时，水平应力场也会发生破坏，在重力场及水平压应力的共同作用下，岩层顺水平方向运动，对垂向分布的裂隙会产生挤压作用，从而抑制裂隙向上发育的趋势。由于岩层本身存在抗弯应力作用，采空区上方倾伏构造附近上端会发育较多张裂隙，靠近下端的岩层也会有裂隙发育，但由于挤压作用的制约，裂隙开启程度小，甚至紧闭，致使积水条件在上部岩层中重新形成，且距离采空区越近，下方岩层裂隙往往紧闭，在打开上方岩层裂隙时更容易产生积水，在整个背、向斜构造区域内，在含水层的上方会重新形成汇水条件，从而给附近工作面的回采带来安全隐患。

于家梁-周家沟背斜为本区规模最大的褶皱之一。据勘探资料及以往煤勘水文孔抽水资料可知：ZL3 孔位于首采区北部背斜西翼，单位涌水量为 0.173 4 L/(s·m)；ZL5 孔位于首采区中部背斜西翼(靠近轴部)，单位涌水量为 0.207 2 L/(s·m)；$Ⅲ_{上}$-1 孔位于首采区南端向斜西翼，单位涌水量为 0.133 8 L/(s·m)；1405-1 孔位于首采区北部背斜东翼，单位涌水量为 0.36 L/(s·m)；2305-1 孔位于首采区中南部靠近背斜轴部，单位涌水量为 0.159 L/(s·m)；3003-1 孔位于首采区南端背斜西翼，单位涌水量为 0.214 L/(s·m)；ZL1 孔位于首采区北端背斜西翼(靠近轴部)，单位涌水量为0.173 4 L/(s · m)；ZL7、ZL8孔位于背斜西翼构造影响带(距背斜轴部稍远)，富水性相对较好，单位涌水量分别达到 0.307 1 L/(s · m)和 0.213 5 L/(s · m)；ZL10、ZL9 孔位于首采区南部背斜西翼，富水性较弱，单位涌水量分别为 0.036 8 L/(s · m)和0.085 5 L/(s · m)。

综合上述抽水资料初步分析认为，于家梁-周家沟背斜贯穿整个首采区的中东部，受其影响，背斜轴部及其两翼影响带，以及倾伏端一带裂隙比较发育，局部密集成带，因褶皱对裂隙含水空间影响较大，开启程度相对较好，相对有利于裂隙地下水的补给、运移和聚集，富水性一般较好，可达中等富水，并由南向北有增大趋势，但局部富水性较弱，显示出砂岩裂隙含水层为各向异性、非均质、富水性不均一的水文地质特征。

3.3 三维水文地质结构模型与多因素富水性评价方法

3.3.1 三维水文地质结构模型

(1) 含(隔)水层概化

对六矿所有钻孔资料进行统计分析，将主采煤层顶板基岩范围内含(隔)水层进行详细划分，含水层和隔水层分别划分为三层，由主采煤层向上分别为：七里镇砂岩含水层Ⅰ(直罗组下段含水层)、隔水层Ⅰ，含水层Ⅱ(直罗组上段下部含水层)、隔水层Ⅱ，含水层Ⅲ(直罗组上段上部含水层)、隔水层Ⅲ。含水层Ⅰ厚度为 23.45～228.20 m，平均厚度为 98.12 m；含水层Ⅱ静水位埋深约为44.50 m；含水层Ⅲ为第四系孔隙潜水含水层，厚度为 0～32.68 m，平均厚度为 9.38 m。不同钻孔揭露的岩性发育情况不同，含(隔)水层的分布也不同，因此并不是每一个钻孔都完全包含上述各含(隔)水层，可能会缺少某个含水层或隔水层。

(2) 三维水文地质结构模型的建立

利用地下水模拟系统(Groundwater Modeling System，GMS)软件进行三维水文地质结构模型的建立，GMS 是由美国杨伯翰大学(Brigham Young University)环境模拟研究实验室(Environmental Modeling Research Laboratory)开发的先进的、基于概念模型的地下水环境模拟软件。由于 GMS 是很好的基于 Windows 平台的软件，具有良好的使用界面以及强大的前处理、后处理功能及优良的三维可视效果，目前已成为国际上最受欢迎的地下水模拟软件。

对 6 个矿井近 700 个钻孔详细划分含(隔)水层、统计每一层含(隔)水层标高厚度，并对含(隔)水层进行层位编号，建立文本格式的数据文件，以便 GMS 录入，通过 GMS 的“Borehole”模块调用导入的钻孔含(隔)水层分层数据文件，首先建立每个钻孔的三维空间模型。

选择 GMS 中的“New|coverage”建立区域，选择多边形工具生成流域边界，边界为一封闭多边形。此时计算机默认其为曲线，选择“FeatureObjects|BuildPolygons”转化多边形区域为所要建模的区域。并选择“Redistribute|Map→TIN”命令建立平面三角网格图，建立网格过程中需要调整网格密度，然后选择“Horizons→Solids”命令建立三维立体实体图。

(3) 模型可视化

建立的三维模型只能从整体上观察四周边界处的含(隔)水层情况，如果要分析内部地层结构体的组合关系，需要对三维地质体进行切割或划分剖面。

为了便于弄清切割处的位置，需要在三维地层体上覆盖地图，通过覆盖地图后进行模型的切割可以有针对性地选择切割位置，确切了解某个位置的地层结构。进行切割时，选择 GMS 中的“Solid”模块命令，首先把模型转换到俯视图状态，选择“Creater Cross Section”命令进行实体切割，切割时可在实体平面模型上任意选择剖面，可以切单个剖面、平行剖面、相交剖面、多边形闭合剖面。剖面切割完成后，单击“Rotate”命令变换视角观察切割模型。

3.3.2 含水层单因素富水性评价

主采煤层顶板普遍发育砂岩含水层，其富水性受多种因素影响，主要有顶板岩层组合关系、宏观构造、微观裂隙、砂岩本身渗透特征等。根据现有相关资料，通过分析以上影响含水层富水性的各主控因素，主要考虑顶板含水层岩性组合结构(砂岩厚度、砂泥组合等)和构造发育情况等因素分析顶板含水层富水性。详细研究含水层的岩性、厚度及其变化，以及岩性组合、构造特征等关键参数，构建富水指数，建立富水性定量预测模型，并结合抽水试验实测指标验证标定、划分研究区富水性分区。

3.3.2.1 煤层顶板岩性发育指数富水性评价

(1) 顶板砂岩厚度变化及岩性组合特征

砂岩厚度是决定岩层富水性强弱的前提，也是决定地下水存储状态的关键因素。例如用导水系数评价富水性强弱时，若忽略渗透系数的影响，导水系数变化即受控于含水岩层的厚度，故对砂岩厚度分布变化规律进行研究尤为重要。

结合之前的研究成果，从安全角度考虑，将用修正公式计算的导水裂隙带发育高度范围内的含水层作为主要研究对象。本书根据钻探和测井资料进一步统计了各个钻孔砂-泥组合层数、岩性及厚度数据，并计算了各钻孔砂岩(粗-中-细)含量百分比。统计砂岩厚度时，对于跨越研究范围界限两侧的砂岩统计其全厚。

枣泉井田和梅花井井田砂岩厚度相对较小，主要集中在 40～60 m 之间；石槽村井田砂岩厚度相对较大，主要集中在 60～80 m 之间；麦垛山井田砂岩厚度最大，主要集中在 100～140 m 之间；红柳井田砂岩厚度较大，主要集中在 80～100 m 之间；双马井田砂岩厚度分布相对均匀，主要集中在 40～80 m 之间。枣泉井田砂岩厚度直方统计图如图 3-9 所示。

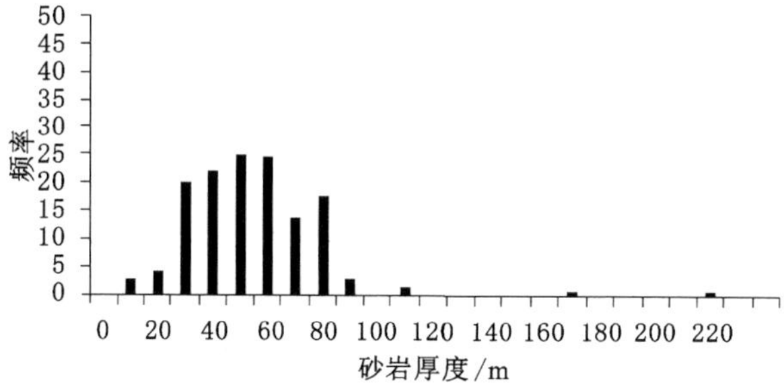

图 3-9　枣泉井田砂岩厚度直方统计图

对顶板导水裂隙带高度范围内的岩性分别进行统计，整体上岩性主要为粗粒砂岩，其次是细粒砂岩，中粒砂岩最薄，除此还夹杂少量粉砂岩、泥岩及砂质泥岩。其中：粗粒砂岩厚度为 0～163.18 m，平均厚度为 54.51 m；中粒砂岩厚度为 0～153.10 m，平均厚度为 10.83 m；细粒砂岩厚度为 0～188.30 m，平均厚度为 12.30 m。砂岩所占比例为 0.02～1.00 不等，砂-泥(粉)岩组合层数为 1～3 层不等。

(2) 顶板岩性发育影响指数构建

本书通过构建岩性发育影响指数(LII)来定量描述煤层顶板岩性和结构组合特征对含水层富水性的影响。

岩性发育影响指数具体求取方法为：将含水介质的厚度，包括中粒砂岩、细粒砂岩(据现有资料，主采煤层顶板裂隙带范围内无灰岩、岩浆岩)的厚度值分别乘以一个折算系数，统一等效成粗粒砂岩的厚度，并考虑砂岩含量、砂泥组合层数、岩芯采取率等因素，构建岩性发育影响指数 LII。

① 岩性厚度等效，一般砂岩颗粒越粗，富水性就越好。本次将中粒砂岩、细粒砂岩厚度折算成粗粒砂岩厚度：中粒砂岩厚度乘以等效系数 0.8，细粒砂岩厚度乘以等效系数 0.6。

② 构建岩性发育影响指数。砂岩含量越高，含水介质比例就越大，富水性就越高，故其他条件不变的情况下砂岩百分比与 LII 呈正相关；砂-泥岩互层组合越多，含、导水性能就越弱，阻水性能越明显，故其他条件不变的情况下砂-泥岩互层层数与 LII 呈负相关。基于以上分析，LII 呈表达式构建如下：

$$\mathrm{LII} = \frac{(M_{粗} + aM_{中} + bM_{细})P_{砂}}{n} \tag{3-1}$$

式中　LII——岩性发育影响指数；

$M_{粗}$，$M_{中}$，$M_{细}$——粗粒砂岩、中粒砂岩、细粒砂岩的厚度；

a，b——中粒砂岩、细粒砂岩厚度等效系数，据上文计算分别为 0.8，0.6；

$P_{砂}$——砂岩厚度百分比；

n——砂-泥岩（粉砂岩）互层数。

③ 富水性分区。对所得 LII 进行直方统计，确定分区阈值，再根据阈值将采区按富水性强弱进行分区。

(3) 富水性分析

LII 综合考虑了砂岩颗粒大小、不同介质间富水性差异、岩性组合结构等对富水性的影响，因此可用其大小来评价含水层富水性的强弱。由以上研究可知，导水裂隙带进入直罗组底部，直罗组砂岩含水层为主采煤层开采直接充水层。将井田内各钻孔中的相应数据分别代入式(3-1)，计算出井田内每个钻孔的岩性发育影响指数 LII，之后对 LII 值进行直方统计，得到分区阈值为 10，40，100，从而得到基于 LII 的富水性分区。

麦垛山井田、红柳井田、石槽村井田南部、梅花井井田东南和西南部、双马井田中部和南部地区为富水性极强区和强区；石槽村井田北部、双马井田北部、枣泉井田中部和梅花井井田大部分区域为富水性中等区；枣泉井田南部、梅花井井田局部及红柳井田南部、双马井田北部露头区附近为富水性弱区。枣泉煤矿顶板导水裂隙带内岩性发育影响指数富水性分区如图 3-10 所示。

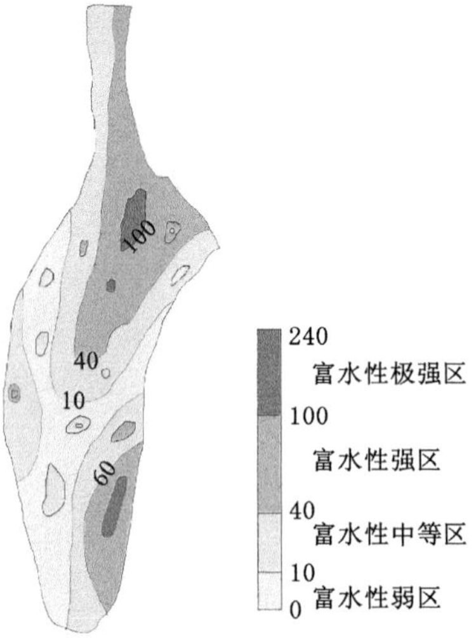

图 3-10　枣泉煤矿顶板导水裂隙带内岩性发育影响指数富水性分区图

3.3.2.2　构造影响指数富水性评价

（1）影响因素分析

影响富水性的构造因素主要包括断层和褶皱，二者决定了砂岩含水空间的大小、水文地质单元的边界、含水层的揭露和展布特征，是影响砂岩含水层富水性的主要因素。

断层会破坏岩体的完整性和连续性，大大降低断层带自身和附近岩体的阻水性能，导水裂隙带的发育高度也比正常区域要高；同时，靠近断层带的区域储水空间增多，其富水性也会比正常区域明显变强。

在向斜及背斜轴部的砂岩层易形成同心张性裂隙，是富水的主要区段。正常情况下，向斜两翼倾角缓，则翼部开阔，岩石裂隙不太发育，富水性差；向斜两翼倾角陡，岩石裂隙发育，补给储水性条件较好时，富水性强。

（2）富水性分析

构造影响指数（TII）能较全面地反映构造在平面、纵向上的展布规模、复杂变化及控水性质，可综合反映构造对含水层富水程度的控制影响。TII 值越大，说明该块段内构造越复杂，含、导水性能越好，含水层富水性就越好，故可用 TII 值对研究区煤层顶板含水层进行富水性评价。其公式如下：

$$\mathrm{TII} = a_1 \mid D'_{断层} \mid_{st} + a_2 \mid D'_{褶皱} \mid_{st} + a_3 N_{st} + a_4 V_{st} \tag{3-2}$$

式中　TII——构造影响指数；

$|D'_{断层}|$，$|D'_{褶皱}|$——断层、褶皱控水系数修正后的断层分维值和褶皱分维值；

N_{st}——构造端点、交点的个数；

V_{st}——煤层倾角变异系数；

$|_{st}$——各因子的数据标准化值；

a_1，a_2，a_3，a_4——各因子的权重值。

TII 基于简单信息熵的因子权重确定，各因子权重分别为 $a_1=0.456\ 7$，$a_2=0.120\ 1$，$a_3=0.373\ 6$，$a_4=0.049\ 6$。对各矿 TII 数据进行直方统计分析，确定分区阈值分别为 0.003，0.01，0.018，进而得到基于 TII 的富水性分区。

富水性强区与极强区沿构造带分布，主要集中在断层交错处，如梅花井井田中北部和南部、枣泉井田中部、石槽村井田中部、红柳井田中部、麦垛山井田中部，以及双马井田中部、南部；富水性中等区及弱区与断层构造带分布大致相同，距离越远富水性越弱。枣泉井田构造影响指数富水性分区如图 3-11 所示。

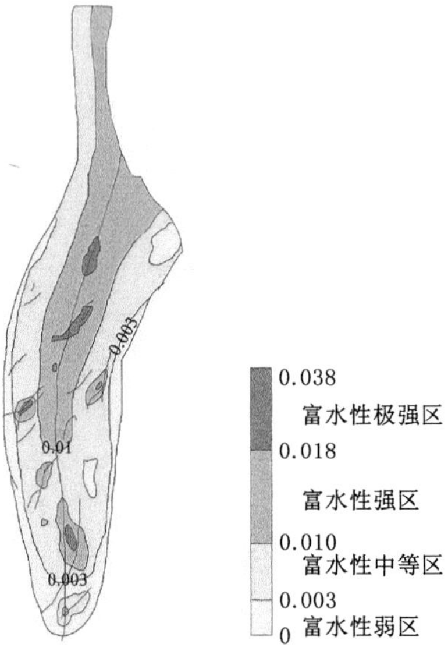

图 3-11 枣泉井田构造影响指数富水性分区图

3.3.3 含水层富水性多因素评价

3.3.3.1 含水层富水性预测模型

砂岩富水性受多种因素的影响,同前述各个因素之间均存在密切关系,若仅以单一因素来评价砂岩富水性,则预测结果必然存在局限性。采用多因素复合的分析评价方法来预测顶板含水层的富水性,能较好地表现出各影响因素对含水层富水性的共同作用。

根据前文砂岩含水层的顶板岩性组合特征和构造特征的研究结果,构建煤层顶板含水层富水性多因素评价模型,富水性指数 W 表达式如下:

$$W = k_1 \mathrm{LII} + k_2 \mathrm{TII} \tag{3-3}$$

式中 k_1,k_2——各要素对 W 的贡献率,即权重。

评价过程如下:根据求得的富水性指数作出等值线,然后进行富水性分区。再根据抽水试验成果或实际涌水资料对富水性分区结果进行检验修正,最终获得含水层富水性评价结果。

3.3.3.2 多因素富水性评价

通过对研究区基础地质、水文地质、钻探等基础资料的分析,以及前文对岩性组合特征及构造特征的研究,采用熵值法对 LII 和 TII 进行权重分析,得到权重值分别是 0.6 和 0.4。则：

$$W = 0.6LII + 0.4TII \quad (3-4)$$

将前文研究成果数据根据式(3-4)对富水性指数 W 进行复合，但是如果表示同等富水程度的 LII 与 TII 数值级数相差较大，复合时容易出现大数吃小数的情况，使结果出现偏差。为消除这一影响，首先将 LII 与 TII 富水级别的分区阈值重新定义为 1，2，3；然后对各级别内数据分别进行归一化处理后再加上一个基数，使富水性弱区数据处于 0～1 区间内，富水性中等区处于 1～2 区间内，富水性强区处于 2～3 区间内，富水性极强区处于 3～4 区间内；之后再根据式(3-3)对富水性指数 W 进行计算；最后，对得到的富水性指数 W 进行直方统计分析，得到新的分区阈值，从而进行基于富水性指数 W 的富水性分区。

按以上方法对研究区富水性指数 W 进行计算，并对富水性指数 W 进行直方统计，确定分区阈值为 0.6，1.6，2.3，得到研究区富水性分区。研究区大范围区域位于富水性极强区，如麦垛山井田中西部和北部、红柳井田中北部、石槽村井田南部；富水性强区范围相对较小，如梅花井井田中北部和西南部、石槽村井田北部、麦垛山井田中北部和东南部、红柳井田东西两侧等；富水性中等区包括如梅花井井田、枣泉井田大部分区域，红柳井田、双马井田局部区域；富水性弱区沿煤层露头区分布，范围极小。枣泉井田富水性指数富水性分区如图 3-12 所示。

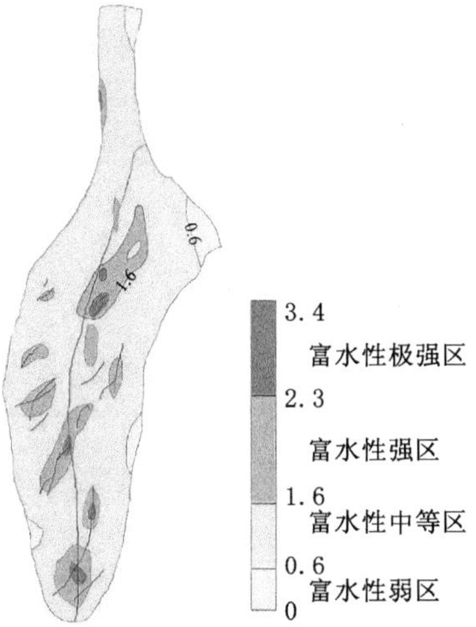

图 3-12　枣泉井田富水性指数富水性分区图

第 4 章　宁东生态脆弱矿区水资源保护性开采原理

4.1　控制隔水关键层稳定的水资源保护性开采

在煤矿开采过程中，受采动影响，岩体裂隙有可能扩展贯穿至采场顶板或底板隔水关键层，特别是岩体中存在构造缺陷时，隔水关键层的稳定性将会受到极大影响，进而诱发地下水大量涌向采场，导致煤矿突水灾害。因此，有效地控制隔水关键层的稳定性，对于防止煤矿突水事故的发生，保护矿区水资源，实现水资源保护性开采具有极为重要的意义。

4.1.1　控制采场顶板隔水关键层稳定的原理

根据煤矿顶板破断与裂隙分布特征，控制采场顶板隔水关键层稳定的原理可分为结构关键层保护、隔水层保护和注浆保护三类。

结构关键层保护原理：在工作面和含水层间如存在结构关键层，则结构关键层对隔水层有明显的保护作用。在坚硬关键层的保护作用下，含水层与隔水层裂隙分布范围小且发展缓慢，此时，结构关键层本身亦可成为隔水关键层。采取适当的开采方法，保护结构关键层不破断，使其成为隔水关键层，也就保护了含水层，从而避免顶板突水灾害的发生。这就是顶板突水防治的关键层保护原理，此时关键层即为隔水关键层。

隔水层保护原理：如果结构关键层破断或地质条件决定根本就不存在结构关键层，为防止顶板突水，必须采取适当措施保证隔水层的存在，使其形成隔水关键层，尽可能优化开采方法或选择有效支护避免隔水层的劣化。此时，隔水层即为隔水关键层。

注浆保护原理：在开采方法不当或支护不到位等情况下，很容易造成结构关键层或隔水层部分区域破裂，此时可采用注浆加固封闭裂缝改良岩性，由于结构关键层或隔水层性状的改良会形成复合隔水关键层，因而可以有效遏制突水事故的发生。

控制采场顶板隔水关键层稳定，原则上遵循关键层保护—隔水层保护—注浆保护的顺序。煤层顶板存在结构关键层的情况下，根据隔水层厚度的不同，顶板水的防治可按照以下四种情况处理：

（1）隔水层很厚。隔水层很厚，结构关键层破断，隔水层会将采动裂隙消化，隔水层裂隙分布范围小且发展缓慢，隔水层上部完整，采动裂隙更不会波及上部含水层。

（2）隔水层较厚。结构关键层破断，隔水层会将采动裂隙部分消化，隔水层整体隔水性能没被破坏，隔水层内部采动裂隙没有相互沟通。但应尽可能优化开采方法或选择有效支护避免隔水层的劣化。

（3）隔水层较薄。隔水层较薄，结构关键层破断，隔水层不能将采动引起的裂隙消化，隔水层裂隙分布大且发展较快。可通过注浆加固封闭裂缝的方法改良岩性，从而遏制突水事故的发生。

（4）隔水层很薄。隔水层很薄，结构关键层破断，隔水层很快被完全破坏。此时，即使注浆加固也不能封闭裂缝，因此只能采用短壁开采等特殊的采煤方法来保护关键层，不让结构关键层破断。

煤层顶板在不存在结构关键层的情况下，要尽量减少采动对隔水层的扰动，同时充分利用隔水层的塑性变形能力防水，这种情况下，要充分利用软弱隔水层及导水裂隙的自然闭合实现水资源保护性煤炭开采。

4.1.2 采场局部导水通道稳定性控制原理

在采动影响下，采场薄弱或缺陷部分极易形成局部导水通道，对安全生产造成危险。这样的缺陷总体上分为以下三种：

第一种缺陷是隔水层中含有薄层石灰岩裂隙岩溶含水层，使隔水层被分裂成 2 个以上的隔水层。这类缺陷把厚板变成薄板，降低隔水关键层抵抗水压、矿压破坏的能力。薄层石灰岩裂隙岩溶含水层成为沟通奥陶系岩溶水和下组煤的中转站，实质上是使奥陶系岩溶水导升至薄层石灰岩中而成为间接水源，从而威胁矿井安全。

第二种缺陷是断裂，包括密集断裂带和压扭性断层。这类缺陷是天然破裂岩体，其天然导水或采动活化后导水，故成为破坏隔水关键层完整性的线形缺陷张性断层或张扭性断层（往往有带状破碎带）。这种带状破碎带是天然破碎岩体和破裂岩体的混合物，导水性极好，在采动作用下易形成突水通道。

第三种缺陷是陷落柱。陷落柱是天然垮落的破碎岩体，这种缺陷的构形近乎圆柱或椭圆柱，其天然渗透性能和扰动后的渗流突变是突水发生的主要原因，是隔水关键层的点状缺陷。

这三种缺陷的存在，使隔水关键层稳定性的控制变得困难，但在摸清现场实际情况之后，尤其是缺陷的阻水性能之后，可以采取一定的办法来抑制局部导水通道的形成。

根据前面对采场局部导水通道的概述，可见局部导水通道地质情况的复杂性，所以详细的地质调查是第一要务，其次要对采动过程中采场围岩的力学破坏和渗流特性进行分析，尤其是采场局部导水通道附近的围岩区域。最后在这些工作的基础上，设计初步的开采方案及突水防治技术方案，并进行相关的模拟研究，等出现稳定的可控结果后，再确定最终的方案。

4.1.3 软弱泥化隔水关键岩层水资源保护性开采原理

岩体是由岩块和结构面组成的有机复合体，由于岩体本身性质的差异和受力条件的不同，岩体破坏可以分为脆性破坏和塑性破坏两种形式，但其强度特征严格受到岩块和结构面强度、岩体结构等因素控制。

通过对几种不同岩性岩石(泥岩、砂质页岩、细粒砂岩、中粒砂岩)进行单轴压缩试验研究，可得到以下结论：

(1) 泥岩的单轴抗压强度较低，岩石在达到强度极限后，其残余强度随变形发展逐步降低，最终的残余抗压强度是峰值强度的 1/3 左右。泥岩在单轴受压状态下，表现出延性破坏的性质。

(2) 砂质页岩的单轴抗压强度略高于泥岩。岩石在达到峰值强度后，残余强度随变形发展衰减较快，一般为峰值的 1/8～1/4，表现出延脆性破坏的特征。

(3) 中、细粒砂岩的单轴抗压强度高。岩石在达到峰值强度后，残余强度降低很快，一般只有峰值强度的 1/20～1/10，表现出典型的脆性破坏的特征。

硬岩试件在压应力达到峰值后开始出现局部宏观裂纹，但此时岩石并没有完全失稳，而是经过裂纹的继续扩展才走向失稳。但从出现局部宏观裂纹到硬岩试件的完全失稳历时很短，基本上是随着应力达到峰值，试件突然发生整体失稳，应力-应变曲线在同一位置呈直线下降，声发射事件数量急剧增加，此后声发射事件的数量极少或者没有，表现出明显的脆性破坏。

软岩试件在达到应力峰值时，历经很长时间也不会出现突发性失稳现象。在空间上不存在明显的主破坏区。在应力-应变曲线的破坏前区和破坏后区均产生明显的塑性变形。同时声发射事件分布较分散，破坏前区和破坏后区都有。

由此可见，硬岩和软岩的破裂过程是不同的，进一步分析表明这种不同导致了两种不同岩性岩体导水性的不同：硬岩达到应力峰值时，裂纹贯通试件，发生突然失稳，开始导水；软岩在达到应力峰值时不会出现突发性失稳现象，但当继续加载，应变（这里主要是拉应变）增大到一定程度时，开始出现宏观裂纹，导水性急剧上升。因此，应力、应变信息可以用来判断岩石的破断状态和导水性。当达到峰值强度（极限抗拉强度）时可以判断硬岩已经破断并开始导水；当达到极限拉应变时可以判断软岩已经破断并开始导水。这也说明，在采动影响下，围岩的断裂和导水断裂带的发育高度与岩层岩性有一定的关系，不同岩性的岩层其断裂形式是不一样的。

根据前面的分析，在没有结构关键层的情况下，要实现水资源保护性煤炭开采的目标，应尽量减少软弱隔水层的变形。根据这一思路，可采用留设煤柱、充填、注浆加固、离层注浆等方法实现水资源保护性煤炭开采。

4.1.4 利用导水裂隙带自然闭合或控制局部导水裂隙通道的水资源保护性开采原理

煤层采动后，采场围岩受到矿压以及自重等作用，不断破裂、垮落，形成导水裂隙，这种趋势伴随回采的进行不断向周围空间扩展并逐渐减缓。同时，当采动裂隙成为地下水运移的通道时，地下水流冲刷会使裂隙进一步发育，导水能力进一步增强；与水流致裂导致岩石扩容相反，水流在裂隙中运移的过程中，自身携带的微粒物质由于流速的减缓或通道的变窄逐渐堆积，并对导水通道进行充填；另外，如果遇到膨胀性（塑性）岩层，岩石颗粒便会遇水膨胀，并不断胶结充填裂隙而使裂隙闭合。研究表明，岩石的膨胀性和矿物成分对裂隙闭合具有重要影响。许多黏性土和泥质岩中含有大量蒙脱石类矿物，因此遇水后会引起岩体的体积变化。黏粒及膨胀性黏土矿物含量越多，遇水后越容易膨胀、胶结，充填裂隙，产生明显的裂隙闭合作用。

综上所述，采动裂隙闭合机制包括以下 3 种作用：工作面后方压应力区的压实作用，渗流携带物质的充填作用，采动裂隙范围内软弱岩矿物遇水后的膨胀作用。

即使采动形成的导水裂隙一定程度上波及上覆含水层，但水流会造成塑性岩层的膨胀，使岩体颗粒胶结，充填裂隙使裂隙闭合。因此可以假设，即便导水裂隙波及上覆稳定的隔水层，在不发生岩层结构严重破断的情况下，也不会形成较大的导水通道使得上覆水体溃入工作面。

（1）裂隙闭合原理

在采动过程中，受到不断变化的应力场、渗流场的共同作用，导水裂隙随时空变化而异，有扩展，有闭合。裂隙闭合原理大致有两个：一是随着采动的进行，宏观承载结构重新组织，在部分区域应力降低；二是岩体自身特性方面，如在上覆岩层中存在的较厚黏土层，在适当的开采条件下，可以实现隔水关键层的再造。从而在大的范围内实现对断裂带的封闭，防止水的渗漏，实现水资源保护性煤炭开采。

从力学角度分析，裂隙闭合的条件应包含以下几点：

① 裂隙致裂条件：对于岩层中已经出现的裂隙，为防止裂隙的进一步扩展，根据断裂力学的基本理论，断裂因子应小于临界断裂因子。

② 强度条件：岩层中裂隙较少的区域，要防止出现新的裂隙。因为裂隙的产生多是拉应力作用的结果，所以要求拉应力要小于致裂的临界拉应力。

③ 压实条件：在满足前两个条件的情况下，裂隙岩体还应处于较高的围压环境中，这样在压实作用下，裂隙会最终闭合。不同岩体所需的围压条件及最终闭合的时间是不同的，其需要通过试验来测定。

(2) 利用导水裂隙带自然闭合的水资源保护性开采原理

低位隔水关键层距离煤层较近，受采动影响形成导水裂隙通道。当采动导水裂隙上方具有软弱岩层，特别是含有泥沙等细粒物质时，可以通过控制使导水裂隙随着采煤工作面推进逐渐闭合，恢复隔水关键层的阻水能力，使地下水位得到一定程度的恢复，从而实现地下水资源的保护。

(3) 利用控制局部导水裂隙通道的水资源保护性开采原理

在内外地质应力作用下，隔水关键层会受到一定程度的破坏，其隔水能力差的薄弱部位，如断裂带和陷落柱等，极易形成导水通道，因此必须加强对这种局部导水裂隙通道的控制。老的断裂带经过充填和胶结具有一定的阻(隔)水能力，但在新构造应力和采动应力作用下可能活化，这在力学上是一个损伤演化的过程。从研究破裂岩体峰后渗流规律出发，可对断层活化导水和裂隙渗流突变成灾问题进行深入研究。

4.2 采动顶板导水裂隙带发育规律

控制隔水关键层稳定性的水资源保护性开采技术本质上是通过控制顶板内裂隙的产生与闭合来实现含水层水资源的保护的。煤层覆岩内裂隙的发育特征研究是水资源保护性开采研究的基础。本节从顶板岩层破坏带的分带特征、岩层运移规律等多个角度对覆岩导水裂隙的发育规律进行了分析。

4.2.1 顶板岩层破坏带的分带特征

煤层采掘后，采空区的出现必然会导致周围岩层中原始应力状态发生改变，当应力超过围岩自身的强度极限值时，围岩就会产生位移→开裂→断裂→破碎冒落。根据采动影响下上覆岩层所受破坏程度及因破坏产生的透砂、透水性能，一般从所采煤层顶板起，采掘影响破坏带由下向上总体可划分为三个，即垮落带、裂隙带和弯曲下沉带(简称“上三带”),其中垮落带和裂隙带统称导水裂隙带(图 4-1)。

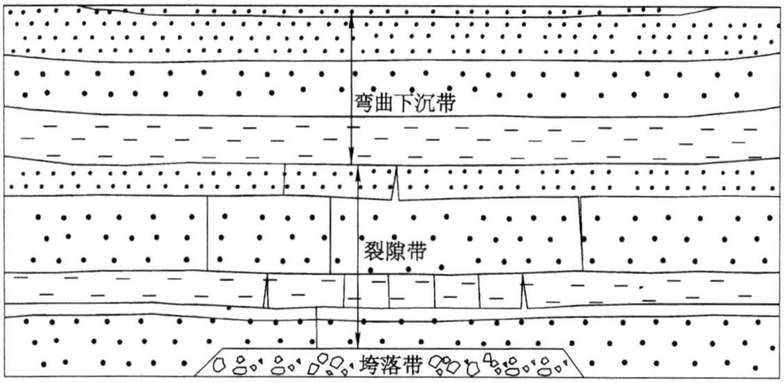

图 4-1 采掘煤层顶板“上三带”划分示意图

(1) 垮落带:随着采煤工作面放顶,煤层顶板岩层开始逐层发生垮落,直到垮落的矸石接触上覆岩层,受下部垮落堆积矸石的支撑,上覆岩层逐渐停止垮落。此垮落破坏的范围即为垮落带。根据岩块矸石堆积特点,垮落带由下部向上可分为不规则垮落和规则垮落两种类型。一般垮落带下部越靠近煤层,跨落堆积的岩块破碎程度越高,为不规则垮落型;垮落带上部属于规则垮落。在垮落堆积的岩块之间遍布大量大型裂缝,由于裂缝密集、空间大,故裂缝间彼此连通性较好,为水及泥沙顺利通过提供有利条件。若采空区顶部为地表水体或者强含水岩层,一旦导水裂隙带波及至此,就会产生严重的突水灾害。

顶板岩层的垮落特征及垮落带的高度与覆岩岩性、煤层倾角、采煤厚度、回采方式及采空区大小等因素有关。据以往实测资料及现场经验,一般垮落带高度是采厚的 2~6 倍,正常情况下,垮落带最大高度不超过其上部裂隙带发育高度的一半。

(2) 裂隙带:当顶板岩石在开采扰动下自由垮落后,垮落带之上的岩体继续弯曲沉降,当岩层弯曲超过其自身强度时,就会产生张性裂隙导致断裂。这一过程逐层向上发展,直至上覆岩层整体弯曲下沉为止,这一范围内的破坏带称为裂隙带。

裂隙带的透水能力强,但泥沙不能大规模地透过。当裂隙带触及顶板含水岩层或者地表水体时,通常会迅速导入大量水,甚至造成淹井突水事故。

垮落带和裂隙带即所谓的“两带”,在解决水体下煤层开采问题时统称为导水裂隙带。确定导水裂隙带最大发育高度,研究其发育规律,是设计防水煤柱留设尺寸、进行水害预测及防治水工作的重要指导依据。

（3）弯曲下沉带：包括导水裂隙带上方直至地表的整个覆岩。此带中岩层弯曲得较为平缓，也没有大型断裂，但有时会产生“离层”现象，有时在局部拉伸部位也会产生微小的张性裂隙，但这些微裂隙的连通性往往不好或是不连通，虽然局部有可能导致渗透性增大，但并不会影响整体的含、导水性能。因此在开采时，此带内的裂隙通常可不予考虑。

4.2.2 顶板岩层运移规律

随着采掘工作面向前推进，采后顶板岩层失去底部支撑而悬露，一定程度后将发生两种形式的破坏，即拉张性破坏与剪切性破坏，随后在自身重力及上部岩层压力的作用下，开始发生周期性有规律的运动。初次来压情况下，因煤壁前方支承压力较大，会导致煤壁前方位置的直接顶产生剪切性破坏，导致次生裂隙开始发育。初次来压的步距通常为 20～30 m。煤层基本顶发生初次来压之后，采掘工作面向前继续推进，顶板岩层在采掘影响下其结构状态会由稳定变为失稳，之后再趋于稳定，如此往复，这种现象随采煤工作面向前推进会呈周期性发生。通常将这种因顶板裂隙带内岩层发生周期性失稳而引发的顶板岩层来压现象，定义为采煤工作面覆岩周期性来压。

顶板岩层在纵向上的运移规律为：随采掘工作面推进，采空区上方岩层悬空一定跨度发生弯曲沉降现象到一定程度时，在沿轴向方向的剪切力影响作用下，软弱夹层及低强度的接触面会发生破坏并产生“离层”现象，这就使其下方岩层更易发生自由沉降，且使运动更易向其上的岩层传递发展。通常这种纵向运动的总体趋势是自下向上逐渐发生的，发生离层后，上下岩层之间的强度差异决定了各岩层间的相对运移组合形式。如果下部岩层相对上部岩层强度越低，下部岩层就会更早于其上部岩层发生运动，且二者之间发生先后运动的滞后时间差就更长；反之，若上部岩层相对强度低，其则会随强度相对高的下部岩层同时发生运动。顶板岩层这种周期性的垂向运动，通常会引起地表发生变形、沉降现象，最终成为盆地。沿采掘工作面推进方向采场覆岩受力分区图如图 4-2 所示。

4.2.3 导水裂隙带发育高度

研究区位于宁东鸳鸯湖-马家滩矿区，由北向南依次包括梅花井井田、石槽村井田、红柳井田、麦垛山井田和双马井田。本书结合本研究区岩石物理力学性质试验结果中煤层顶板岩石的工程地质特征及力学性质，依据《建筑物、水体、铁路及主要井巷煤柱留设与压煤开采规范》（简称《三下采煤规范》），对研究区煤层顶板岩石坚硬程度进行分类，然后选用《三下采煤规范》中相应经验公式计算顶板导水裂隙带的发育高度。

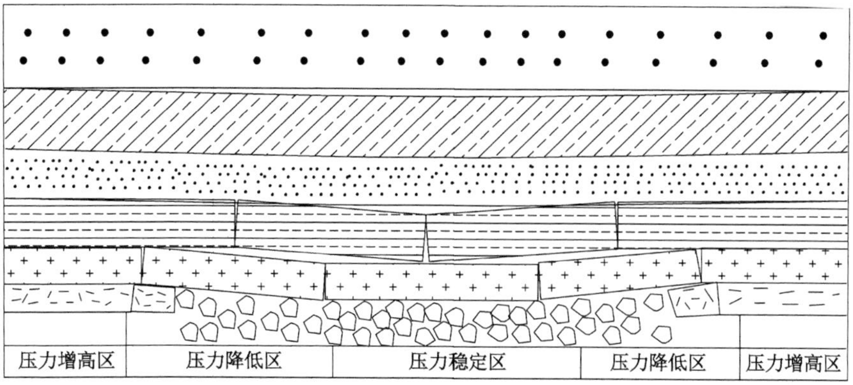

图 4-2　沿采掘工作面推进方向采场覆岩受力分区图

分析研究区岩石物理力学性质试验数据可知，研究区主采煤层顶板部分覆岩试样的抗压强度小于 20 MPa，其余覆岩试样的抗压强度在 20～116 MPa 之间，平均抗压强度为 24 MPa。根据《三下采煤规范》中的分类标准，该覆岩试样应划分到软弱或中硬类别中，但考虑到岩性主要以中粒砂岩、粗粒砂岩、粉砂岩、泥岩、泥质砂岩为主，为安全起见，本书选用《三下采煤规范》里中硬岩层的导水裂隙带高度及垮落带高度经验公式进行计算，见式(4-1)和式(4-2)。

$$H_{导} = \frac{100\sum M}{1.6\sum M + 3.6} \pm 5.6 \tag{4-1}$$

$$H_{垮} = \frac{100\sum M}{4.7\sum M + 19} \pm 2.2 \tag{4-2}$$

式中　$H_{导}$——导水裂隙带发育高度，m；

$H_{垮}$——垮落带发育高度，m；

$\sum M$——累计采厚，m。

依据式(4-1)和式(4-2)，本书计算了各孔的导水裂隙带发育高度和垮落带高度，并作出了目前研究区主采煤层顶板导水裂隙带高度及垮落带高度等值线图(图 4-3)。研究可知，本区导水裂隙带高度值的范围为 14.83～57.25 m，梅花井井田东北部、石槽村井田西部、红柳井田东北部、麦垛山井田北部及双马井田中部和南部导水裂隙带发育高度较大。垮落带高度值的范围为 4.07～17.65 m，分布变化基本与导水裂隙带变化一致。

导水裂缝带发育高度经验计算公式虽然有一定的缺点，但是这些公式是在对大量裂隙带实测资料总结的情况下得出的经验公式。若利用本研究区导水裂

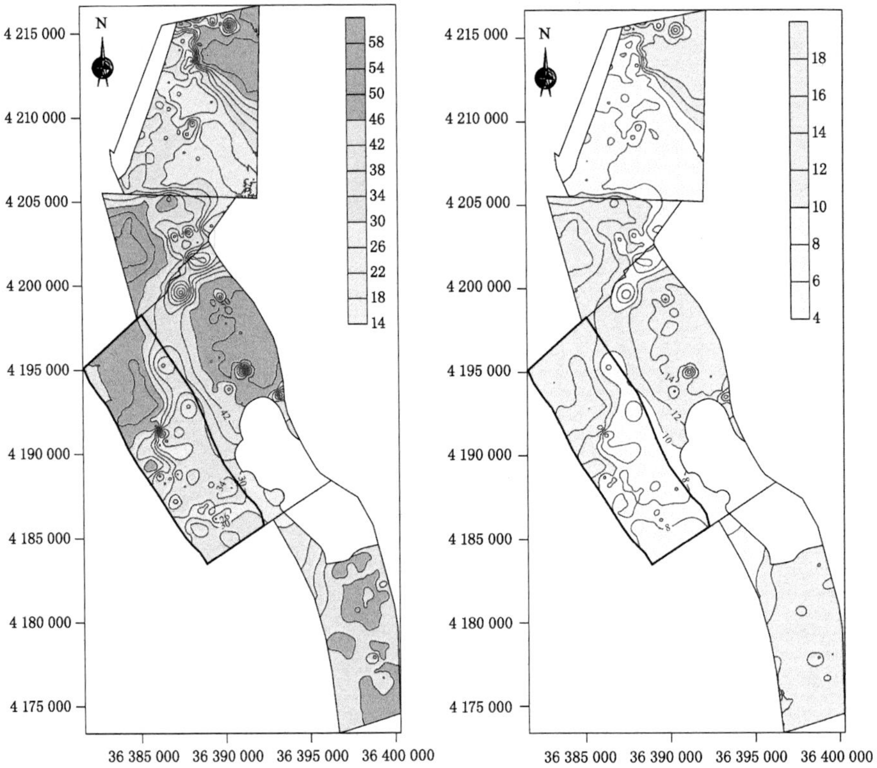

(a) 导水裂隙带高度等值线图　　(b) 垮落带高度等值线图

图 4-3　研究区主采煤层顶板导水裂隙带发育高度及垮落带高度等值线图

缝带高度实测结果结合数值模拟分析、相似材料模拟分析及冲洗液漏失量观察等探测方法的结果对公式进行相应的修正，计算结果更能真实地反映出本研究区煤层开采引起的导水裂隙带发育高度。

通过实测得到各矿导水裂隙带最大发育高度分别为 72.2 m(梅花井井田)、83 m(石槽村井田)、73 m(红柳井田)、66 m(麦垛山井田)、67.6 m(双马井田)；按《三下采煤规范》经验公式计算各矿的最大导水裂隙带高度分别为 52.8 m(梅花井井田)、54.5 m(石槽村井田)、57.3 m(红柳井田)、53.7 m(麦垛山井田)、51.8 m(双马井田)。将两个结果进行比较，得出一个比例系数 k，用这个比例系数对经验公式进行修正，得到各矿修正后的计算公式为：

梅花井井田：

$$H'_{导} = kH_{导} = 1.37 \times \left(\frac{100\sum M}{1.6\sum M + 3.6} \pm 5.6 \right) \tag{4-3}$$

石槽村井田：

$$H'_{导}=kH_{导}=1.52\times\left(\frac{100\sum M}{1.6\sum M+3.6}\pm 5.6\right) \tag{4-4}$$

麦垛山井田：

$$H'_{导}=kH_{导}=1.23\times\left(\frac{100\sum M}{1.6\sum M+3.6}\pm 5.6\right) \tag{4-5}$$

红柳井田：

$$H'_{导}=kH_{导}=1.27\times\left(\frac{100\sum M}{1.6\sum M+3.6}\pm 5.6\right) \tag{4-6}$$

双马井田：

$$H'_{导}=kH_{导}=1.31\times\left(\frac{100\sum M}{1.6\sum M+3.6}\pm 5.6\right) \tag{4-7}$$

利用修正后的公式计算出本研究区内主采煤层开采后所产生的导水裂隙带发育高度，并作出相应等值线图(图 4-4)。

根据钻孔资料，直罗组最下一层含水层Ⅰ段与主采煤层之间基本没有有效隔水层，开采时引起的导水裂隙带发育高度较大，因此直罗组含水层Ⅰ段为主采煤层的直接充水含水层。开采时产生的导水裂隙带发育高度达含水层Ⅰ顶部，由于大部分隔水层Ⅰ较厚，故裂隙带基本未导通直罗组含水层Ⅱ和含水层Ⅲ，因此直罗组中段含水层Ⅱ及上段含水层Ⅲ均为间接充水含水层。

4.2.4 导水裂隙带发育规律

总结前人经验及本书研究成果得出导水裂隙带发育的动态特征：

(1) 随煤层开采，顶板岩层沉降、离层、破坏的形成经历发生—继续发育—最大高度—回降—稳定的过程。导水裂隙带最终形态必须在工作面开采推进一定时间(或距离)，顶板岩层破坏移动随垮落矸石离层、裂隙压实而形成。

(2) 当垮落下的岩块将要填满采空区整个空间时，裂隙带部位的岩体开始弯曲下沉直至发生破裂，通常其破断后的岩块仍可按次序排列，这在覆岩发生破坏时有利于各层岩体间的互相制约。裂隙带随着垮落带渐渐压实而逐步趋于稳定。根据以往经验，破碎了的裂隙带岩块群在受压后其最终膨胀体积只为原来整体体积的 1.05 倍左右。

(3) 导水裂隙带最大高度与采厚的关系最为密切，随着采厚的增加而增加。对厚煤层增大其初次采厚或进行全层一次开采会导致导水裂隙带高度明显增

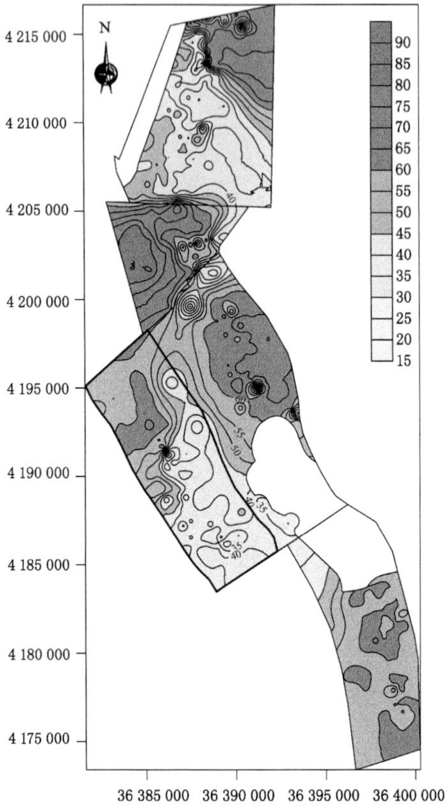

图 4-4　研究区主采煤层顶板导水裂隙带发育高度修正后等值线图

大,并使其马鞍形分布形态更加明显。一般增大重复开采厚度时,导水裂隙带增高虽然并不明显,但重复开采对顶板岩层最终破坏范围的形态也会产生显著影响,马鞍形分布形态的明显程度将减弱,分层开采数越多,减弱越明显,有时马鞍形甚至会基本消失。这就解释了放顶煤实际开采裂隙带高度大于分层开采裂隙带高度的原因。

4.3　采动顶板渗透模型试验

2-2# 煤顶板含水砂岩为孔隙性含水介质,裂隙不发育且以微细裂隙为主。基于直罗组含水砂岩的孔隙-微细裂隙含水性特征,进行大尺度模型试验,以了解采动后裂隙性介质的渗透性与天然状态的孔隙性介质的渗透性差异。

4.3.1 试验设计

4.3.1.1 试验装置

试验采用的渗透仪结构示意图如图 4-5 所示。注浆渗透仪模型为钢质，尺寸设计为：高度 $H=85$ cm，内径 $d=31$ cm，外径 $D=33$ cm。为便于试验介质充填和清理，模型顶、底均设置有盖盘，用法兰固定；模型侧面设置有 4 个开口，其中 2 个用于渗透压力测试，2 个作为进、出水通道，进水口安装直通式水龙头，通过一个大容积的稳压容器与水源连接，以使渗透性测试过程中水压基本保持稳定。在与进水口方向成 180°方向上设置的 2 个测压表用于测量水压，2 个测压表之间的距离 L 为 51 cm。压力表 1 下部约 5 cm 处有一个渗漏钢板，使通过试验材料断面的水能渗漏到下部空间，待渗漏钢板下部的液面高于下部出水口之后自行流出。

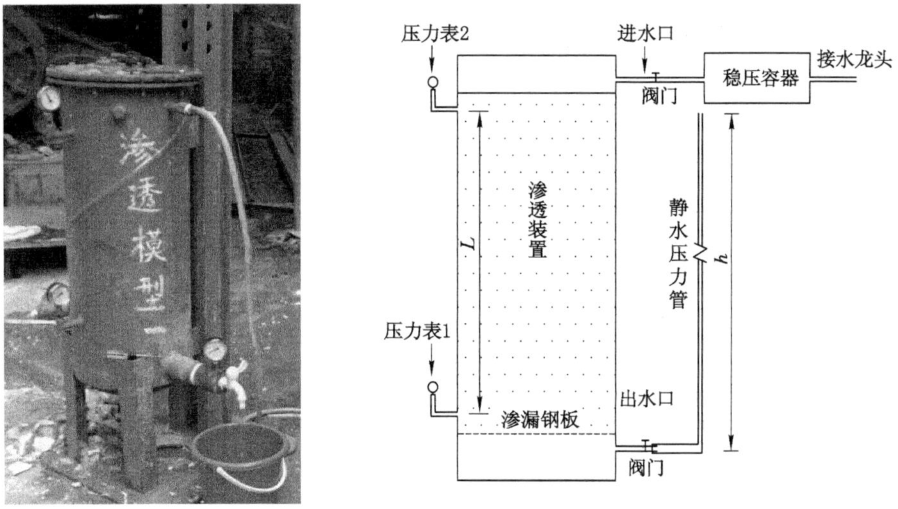

(a) 渗透仪实物　　(b) 渗透仪结构示图

h—出水阀门连接的静水压力测管的垂直高度。

图 4-5 渗透仪结构示意图

4.3.1.2 模型试样及其配置

试验模型试样采用河砂与水泥配制，模拟制作直罗组砂岩，以孔隙性作为制样控制依据。试样制作方法为：对采集的天然河砂用筛子筛除直径大于 5 mm 的砂粒后，用孔径 0.5 mm 筛子将河砂筛分为粗粒和细粒两组，细粒组中混加一定比例的细锯末（过 0.5 mm 筛），然后根据设计的级配用河砂、水泥进行配比制样，其中水泥主要用于河砂胶结，试验所用水泥为 C45 标号的常规硅酸盐水泥。

根据对枣泉矿 2-2# 煤顶板直罗组底部细、中、粗粒砂岩取样进行的孔隙率测试结果(表 4-1),本项试验共设计了 6 组试样配比,其中,试样 4、试样 5 及试样 6 分别为粗粒砂岩、中粒砂岩和细粒砂岩的模拟介质,对应的采动扰动模拟介质分别为试样 1、试样 2 和试样 3。各组试样配比其砂土与水泥的质量比均控制为 12∶1,通过调整粗粒组和细粒组的比例来实现 6 组配比试样的孔隙性差异。模型试样材料配比如表 4-2 所列,试样实物及级配曲线如图 4-6 所示。

表 4-1　直罗组下段砂岩孔隙率测试结果一览表

试样			孔隙率/%	
岩性	井深部位/m	样本数	大开口空隙率*	总开口空隙率**
细粒砂岩	583～590(回风立井)	7	10.56～14.23 / 11.24	15.33～25.26 / 22.73
中粒砂岩	570～605(回风立井)	5	12.34～15.16 / 14.87	17.85～22.12 / 20.40
中粒砂岩	609～626(进风立井)	5	10.25～17.11 / 12.35	13.55～20.21 / 18.07
粗粒砂岩	634～639(进风立井)	6	9.76～18.05 / 16.12	19.38～21.58 / 19.52

注:* 表示采用自然吸水法测试;** 表示采用真空吸水法测试。

表 4-2　模型试样材料配比一览表

试样	配比			
	粗粒组含量比(质量比)	细粒组含量比(质量比)	水泥含量比(质量比)	粗粒组所占比例*($m_{粗}/m$)
试样 1(剧烈采动样)	1	0	0.08	1
试样 2(中度采动样)	15	1	1.34	0.938
试样 3(轻微采动样)	13	3	1.34	0.813
试样 4(粗粒砂岩)	5	3	0.67	0.625
试样 5(中粒砂岩)	7	9	1.34	0.438
试样 6(细粒砂岩)	1	3	0.34	0.250

注:* 表示试样制作所用砂土材料总质量(m)中的粗粒组质量($m_{粗}$)所占的比例,即 $m_{粗}/m$。

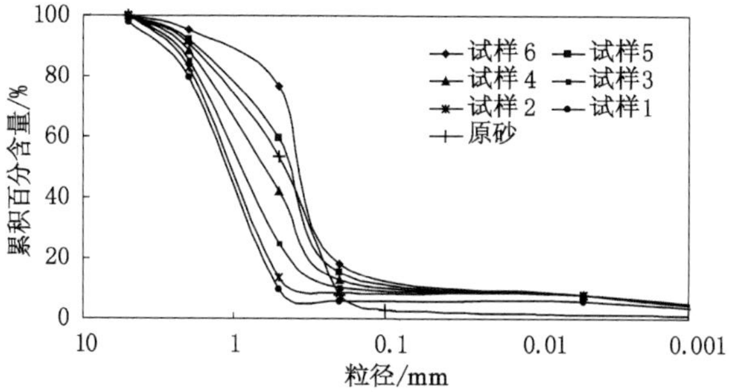

(a) 试样级配曲线

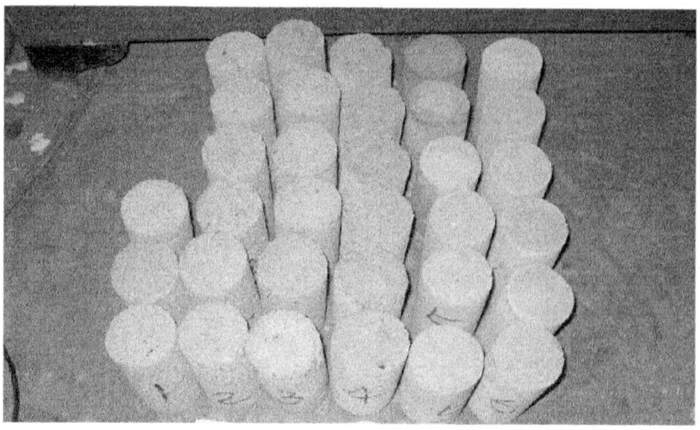
(b) 试样样品

图 4-6　试样实物及级配曲线

4.3.1.3　试验模型设计及制作

试验模型分为采前模型和采动模型两种，其中，采前模型为粗粒砂岩、中粒砂岩和细粒砂岩采前渗透试验模型，采动模型为模拟采后粗粒砂岩、中粒砂岩和细粒砂岩渗透试验模型。

采前渗透试验模型为渗透箱内全段高铺设原状砂岩模拟介质，粗粒砂岩、中粒砂岩和细粒砂岩介质模型高度均为 80 cm[图 4-7(a)]。采动影响下的模拟介质模型制作方法为：如图 4-7(b)所示，模型箱下部由下至上依次铺设试样 1、试样 2 和试样 3，对应厚度分别为 15 cm、10 cm、10 cm，以模拟采动裂隙带的不同扰动程度，其上再铺设 45 cm 厚的原状砂岩试样(粗粒砂岩、中粒砂岩和细粒砂岩)。

原状砂岩模型制作方法为：分别按设计配比制作不同密实度试样，并分别测试其孔隙性，然后以与实物样孔隙性相近者的密实度(干密度)分别制作原状样试验模型，试验模型介质孔隙性一览表如表 4-3 所列。

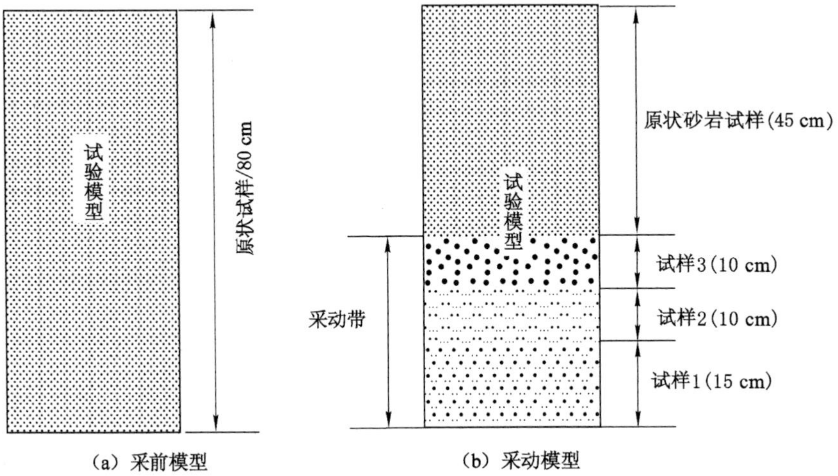

图 4-7　渗透试验模型示意图

表 4-3　试验模型介质孔隙性一览表

试样	孔隙性		
	孔隙率/ %		
	模拟样	实物样	备注
试样 1(剧烈采动样)	17.2/17.6		(1) 大开口孔隙率采用自然吸水法测试,总开口孔隙率采用真空吸水法测试; (2) “17.2/17.6”为“大开口孔隙率/总开口孔隙率”
试样 2(中度采动样)	15.8/16.7		
试样 3(轻微采动样)	15.3/17.5		
试样 4(粗粒砂岩)	14.0/18.4	16.12/19.52	
试样 5(中粒砂岩)	13.3/18.5	13.6/19.24	
试样 6(细粒砂岩)	12.1/21.3	11.24/22.73	

试样装填方法:根据试样配制比例称量粗、细粒砂和水泥,加水搅拌均匀制成潮湿状砂浆(手攥不出水);为防止水沿渗透仪内壁形成集中渗流,在渗透仪内壁均匀涂抹一薄层黄油,然后将搅拌均匀的砂浆分层装入渗透仪内并夯实,同时按模型制样填实密度制作试件用于孔隙率和强度的校验;模型试样制成后养护 72 h 以上,完全固化后用于模型试验。

4.3.2　试验过程

(1) 试验步骤

试验步骤如下:① 在下部出水口接上静水压力测管,自上部水管注水,至下部出水口流量和水压稳定后，测读、记录上下渗流断面和出水口静水压力值及渗出流量；② 改变进水口压力水头，重复进行步骤①的试验过程；③ 计算对应压力水头的渗透系数。

(2) 过程控制

试验过程进水口连接自来水管路，通过水压稳压器控制水头压力并保持渗透过程压力水头相对稳定，变化幅度控制在±5 kPa 以内；各模型每级压力水头下连续测读 3 次静水压力值及渗出流量，每次时间不少于 1 min，以其平均值计算模型渗透系数。

试验中，所有模型均采用 0.15 MPa 和 0.8 MPa 二级压力水头。

(3) 试验情况

试验中采用试样 1～试样 6 分别制作了采前模型，进行了 2 种压力水头的渗透系数测试；在此基础上，制作采动模型并进行了二级压力水头变换的渗透试验。

试验过程采录数据包括上下渗流断面和出水口静水压力值、渗出流量。

4.3.3 试验结果

试验结果反映出模型介质孔隙性对渗透性的影响是比较明显的，表 4-4 为采前模型渗透性测试结果。总体上采动带由下至上分别表现为极强渗透性、强～极强渗透性和强渗透性，这种分带特点与采动顶板垮裂带(垮落带＋裂隙带)的渗透性一般规律大致相符。

表 4-4 采前模型渗透性测试结果

试样	试验参数					
	压力水头：0.2 MPa			压力水头：0.8 MPa		
	渗流量/(L/s)	渗透速度/(cm/s)	渗透系数/(cm/s)	渗流量/(L/s)	渗透速度/(cm/s)	渗透系数/(cm/s)
试样 1(剧烈采动样)	6.9×10^{-3}	8.6×10^{-3}	1.38×10^{-2}	5.2×10^{-2}	6.4×10^{-2}	9.18×10^{-2}
	k=12.1 m/d：强～极强渗透性			k=79.5 m/d：极强渗透性		
试样 2(中度采动样)	1.9×10^{-3}	2.4×10^{-3}	2.12×10^{-3}	4.4×10^{-2}	5.6×10^{-2}	3.65×10^{-2}
	k=1.8 m/d：强渗透性			k=36.5 m/d：极强渗透性		
试样 3(轻微采动样)	1.8×10^{-3}	2.3×10^{-3}	1.87×10^{-3}	2.4×10^{-2}	2.9×10^{-2}	1.09×10^{-2}
	k=1.6 m/d：强渗透性			k=9.5 m/d：强渗透性		

表 4-4(续)

试样	试验参数					
	压力水头:0.2 MPa			压力水头:0.8 MPa		
	渗流量 /(L/s)	渗透速度 /(cm/s)	渗透系数 /(cm/s)	渗流量 /(L/s)	渗透速度 /(cm/s)	渗透系数 /(cm/s)
试样 4 (粗粒砂岩)	2.1×10^{-4}	1.1×10^{-4}	1.49×10^{-4}	1.3×10^{-2}	1.7×10^{-2}	5.13×10^{-3}
	k=0.13 m/d:中等渗透性			k=4.4 m/d:强渗透性		
试样 5 (中粒砂岩)	5.1×10^{-5}	6.3×10^{-5}	3.08×10^{-5}	2.3×10^{-3}	2.8×10^{-3}	7.61×10^{-4}
	k=0.027 m/d:弱渗透性			k=0.66 m/d:中等渗透性		
试样 6 (细粒砂岩)	3.6×10^{-5}	4.5×10^{-5}	1.96×10^{-5}	4.5×10^{-4}	5.6×10^{-4}	1.3×10^{-4}
	k=0.018 m/d:弱渗透性			k=0.11 m/d:弱渗透性		

从模拟介质的渗透性情况看:在 0.2 MPa 压力水头条件下,粗粒砂岩模拟介质为中等渗透性,而中粒砂岩和细粒砂岩模拟介质为弱渗透性;在 0.8 MPa 压力水头条件下,模拟介质的渗透性表现有不同程度的提高,粗粒砂岩、中粒砂岩模拟介质分别显现强渗透性和中等渗透性,而细粒砂岩模拟介质则仍处于弱渗状态。

表 4-5 为模拟不同岩性(粗粒砂岩、中粒砂岩和细粒砂岩)顶板采动后的渗透性测试结果,可以看出,顶板下部形成强渗带情况下,不同岩性顶板的渗透性和渗透速度都明显提高,渗透系数呈数倍增大。

表 4-5 采动模型渗透性测试结果

参数模型	试验参数					
	压力水头:0.2 MPa			压力水头:0.8 MPa		
	渗流量 /(L/s)	渗透速度 /(cm/s)	渗透系数 /(cm/s)	渗流量 /(L/s)	渗透速度 /(cm/s)	渗透系数 /(cm/s)
粗粒砂岩模型	1.1×10^{-3}	1.4×10^{-3}	5.31×10^{-4}	2.5×10^{-2}	3.1×10^{-2}	1.2×10^{-2}
	k=0.45 m/d:中等渗透性			k=10.4 m/d:强～极强渗透性		
中粒砂岩模型	1.7×10^{-4}	2.2×10^{-4}	1.05×10^{-4}	6.6×10^{-3}	8.3×10^{-3}	2.7×10^{-3}
	k=0.095 m/d:中等渗透性			k=2.33 m/d:强渗透性		
细粒砂岩模型	7.3×10^{-5}	9.1×10^{-5}	8.18×10^{-5}	1.0×10^{-3}	1.3×10^{-3}	5.2×10^{-4}
	k=0.071 m/d:弱渗透性			k=0.45 m/d:中等～弱渗透性		

4.3.4 试验结果分析

虽然模型试验模拟的条件与顶板实际采动情况有一定差异，但根据模型试验结果，对采动后顶板的渗透性变化可以取得以下基本认识：

(1) 试验结果表明，采动顶板不但会使含水层导水裂缝带范围渗透性急剧提高，而且也会使顶板充水含水层的整体渗透性增强。受采动影响，导水裂隙带上的含水层尽管没有开裂破坏，但下沉变形也会使其结构状态受到一定程度的扰动，由以孔隙性径流为主转变为以裂隙性径流为主，从而使含水层整体渗透性明显增强。

(2) 采动顶板导水裂隙带对顶板含水层形成明显的导渗效应。导水裂隙带形成后，因地下水在其间的渗透阻力急剧降低而成为外围含水层水的径流汇集区，从而使顶板含水层的整体径流条件发生变化，导引较大范围的顶板含水层水向采空区集中排泄，由此将极大强化采空区的充水强度。

(3) 试验结果表明，压力水头是影响采动顶板渗透性的重要因素，并且渗透阻力越小，压力水头对渗透性的影响越明显。枣泉煤矿 11 采区 2-2[#] 煤顶板充水含水层压力水头一般在 2 MPa 以上，顶板受采动扰动影响，地下水的渗透阻力急剧降低，由此压力水头对采动顶板渗透性的影响将更加凸显。

4.4 充填控制导水裂隙带发育的水资源保护性开采

在充填开采中，由于采空区被矸石等具有一定承载性能的材料填充，顶板的弯曲变形及裂隙发育程度大幅度减小，有利于控制导水裂隙带发育高度。本节分析充填开采控制导水裂隙带发育高度的原理，基于等价采高理论，结合充填开采覆岩导水裂隙带发育高度计算，分析充填开采充实率与充填开采各技术参数之间的关系。

4.4.1 充填开采控制导水裂隙带发育高度的原理

充填采煤由于开采后向采空区充填入固体充填材料，充填体占据了上覆岩层垮落的空间，相当于降低了采高。理想的岩层运动控制是采出煤炭后充入等量体积的固体，即岩层绝对不运动，上覆岩体无任何变形量，这用现有人工办法是无法做到的。充填开采时随着工作面的推进，在支架后方进行了充填，减小了采空区顶板的下沉空间。导水裂隙带高度和岩性与煤层采高有关，覆岩越坚硬，导水裂隙带高度越大。充填采煤降低了煤层采高，相当于减小了导水裂隙带的高度。因此，为了对比分析传统综采与固体充填采煤的采场矿压与岩层移动(地表沉陷)的需要,引出“等价采高”的概念:工作面采高减去采空区固体充填体压实后的高度。固体充填等价采高模型如图 4-8 所示。

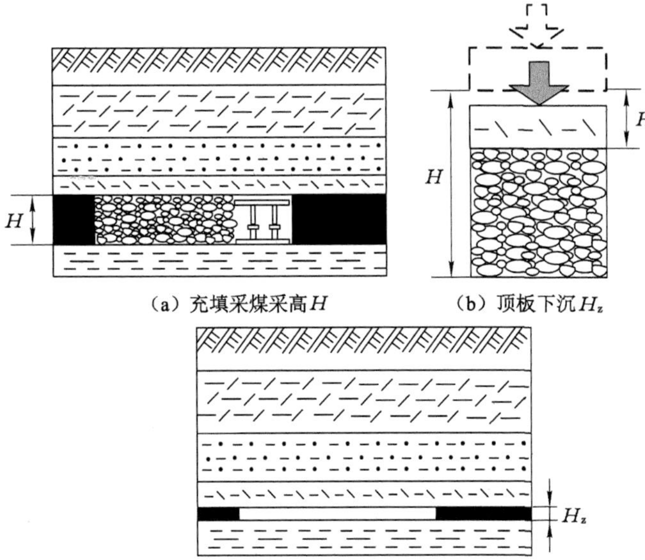

(a) 充填采煤采高 H　　(b) 顶板下沉 H_z

(c) 等价采高 H_z

图 4-8　固体充填等价采高模型

如图 4-8 所示,假设充填采煤采高为 H,由于充实率(充填不接顶)和松散体碎胀率(充填体没压实)等因素,采空区覆岩顶板总会有一定的下沉量 H_z。因此,由于实施固体充填的原因,实际采出煤层厚度为 H,而最终等价采高为 H_z。根据等价采高模型,可以得到等价采高 H_z 的计算公式为:

$$H_z = h_z + (k - k')(H - h_z) \tag{4-8}$$

式中　H_z——充填采煤等价采高,m;

h_z——充填采煤未充填高度,m;

H——实际采高,m;

k——充填体的碎胀系数;

k'——充填体的压实系数。

4.4.2　充填开采覆岩导水裂隙带发育高度计算与分析

固体密实充填采煤和垮落法开采覆岩破坏形态类似,覆岩破坏(垮落带、裂隙带)高度的计算可以基于等价采高原理,利用垮落法开采经验公式进行计算。事实上由于固体充填等价采高为覆岩有效移动的极限空间,且部分等价采高是缓慢释放的，因此利用《三下采煤规范》中覆岩破坏经验计算公式（表 4-6）具有较好的安全性。

表 4-6　厚煤层分层垮落法开采导水裂隙带高度计算公式　　单位：m

岩性	计算公式之一	计算公式之二
坚硬	$H_{li}=\dfrac{100\sum M}{1.2\sum M+2.0}\pm 8.9$	$H_{li}=30\sqrt{\sum M}+10$
中硬	$H_{li}=\dfrac{100\sum M}{1.6\sum M+3.6}\pm 5.6$	$H_{li}=20\sqrt{\sum M}+10$
软弱	$H_{li}=\dfrac{100\sum M}{3.1\sum M+5.0}\pm 4.0$	$H_{li}=10\sqrt{\sum M}+5$
极软弱	$H_{li}=\dfrac{100\sum M}{5.0\sum M+8.0}\pm 3.0$	—

固体密实充填采煤有效地控制了顶板的垮落，不具备垮落带发育条件，仅发育一定高度的“裂隙带”。由相似材料模拟可知，和垮落法开采相比，固体密实充填采煤覆岩导水裂隙带主要为裂隙带，且覆岩破坏裂隙主要分布在采空区边界上方覆岩，采空区中部覆岩由于在原岩应力恢复过程中离层和裂隙发生闭合，裂隙带发育不明显，导水裂隙带高度表现为明显的四周高中间低的现象。固体密实充填采煤弯曲下沉带覆岩碎胀率很小（可以忽略不计），覆岩停止断裂的原因主要为破裂岩体存在碎胀性，因此从体积守恒角度考虑，固体密实充填采煤覆岩导水裂隙带高度可按下式计算：

$$W+\sum_{i=1}^{n}\left[m_i(k_i-1)\right]\geqslant M_e \tag{4-9}$$

式中　W——地表最大下沉值，地表观测站实测获取；

m_i——从顶板向上第 i 层岩层厚度，其值可从地层柱状图获取；

k_i——从顶板向上第 i 层破裂岩层残余碎胀系数，其值可根据压缩试验获取；

M_e——固体密实充填等价采高，基于等价采高原理获得。

在实际应用时，从顶板岩层开始逐层向上代入式（4-9），当式（4-9）刚好成立时，此时覆岩高度即为固体密实充填采煤导水裂隙带发育高度。

4.4.3 固体密实充填采煤导水裂隙带高度分析

进行水体下采煤，要研究开采引起的覆岩破坏规律，预计覆岩破坏的范围和高度，进而采取措施以达到安全采出水体下压煤的目的。从对水体下采煤的要求出发，将采空区上覆岩层按破坏程度划分为垮落带、裂隙带和弯曲下沉带。垮落带和裂隙带都是透水的，所以通常把它们合称为导水裂隙带。

通过大量数值模拟与现场实测资料得出，固体密实充填采煤导水裂隙带的高度主要与煤层采厚、煤层倾角、充填体充实率以及覆岩岩层结构等因素相关。

(1) 煤层采厚对导水裂隙带高度的影响：固体充填采煤覆岩破坏主要集中在每次开采开切眼和终采线侧，覆岩破坏高度随煤层采厚增大而增加，相对于垮落法开采破坏范围较小，导水裂隙带形状呈两边对称的“厂”结构，不同于垮落法开采所形成的明显“马鞍”形结构。

(2) 煤层倾角对导水裂隙带高度的影响：导水裂隙带高度的经验公式按照煤层倾角 0°～54°和 55°～90°分为两类，然后再按照煤层厚度与覆岩岩性进一步划分。

(3) 充填体充实率导水裂隙带高度的影响：当充填体强度较高、充实率大于 0 且小于或等于 0.1 时，导水裂隙带高度上升幅度较小，即充填采煤控制裂隙发育效果不明显，但是充填体强度越高，其控制覆岩破坏效果越显著，经济效益越好；当充填体充实率大于 0.1 且小于或等于 0.3 时，导水裂隙带高度发育较快，上升幅度大，即充填体强度在此区间由小变大时，能较好地抑制裂隙发育，控制覆岩破坏，在此区间提高充填体的充实率既能显著控制覆岩破坏，又能减少经济等各方面的投入；当充实率大于 0.3 时，导水裂隙带高度逐步变大，但变化较为平缓。

(4) 充填体充实率对导水裂隙带高度的影响：随着充实率的增加，导水裂隙带高度有明显降低的趋势，充实率-导水裂隙带高度变化曲线近似为一直线，呈单调递减状态且变化幅度基本是均匀的。这种情况下的充填采煤可类比于薄煤层的垮落法开采，随着充实率的增加，煤层厚度逐渐减小，导水裂隙带高度呈线性下降，因此，充实率是影响导水裂隙带高度的重要因素。因为充实率越高各方面投入越大，所以在实际工程应用中，要根据具体工程需要确定所需的充实率。

(5) 覆岩岩层结构对导水裂隙带高度的影响：当顶板岩性较硬时，岩层表现为脆性，抵抗弯曲变形能力弱，当其受采动影响断裂后，裂隙发育较快且不易闭合，从而导致其覆岩破坏高度大；反之，当顶板岩层为软岩时，其往往表现为塑性，受采动影响即弯曲下沉并坐落于充填体上，岩层裂隙发育不充分且断裂后裂隙随岩石压实而逐渐闭合，其覆岩破坏高度较小。

第5章 宁东生态脆弱矿区水资源保护性开采实践

5.1 宁东典型生态脆弱矿井水害特征

2-2#煤是枣泉煤矿的主采煤层，储量大、分布稳定，但由于其顶板为巨厚中、粗粒含水砂岩，对采掘过程构成了较大危害。本章以枣泉煤矿2-2#煤水害治理为例，介绍了矿井顶板裂隙水发育高度的预计方法与顶板砂岩水的开采方法，为其他生态脆弱矿区矿井水害的治理提供了一条切实可行之路。

5.1.1 矿井涌水来源分析

综合矿井水文地质条件及采掘揭露的实际情况可以看出，枣泉矿井构造控水条件相对简单，2-2#煤底板含水层富水性弱且发育程度较差。

(1) 枣泉井田地质构造条件比较简单。一方面，井田内褶皱构造不发育，除井田西南边界的鸳鸯湖背斜外，井田地层产状总体平缓，只是在局部地段呈波状宽缓起伏；另一方面，断裂构造发育程度较低，不但断层分布密度和发育规模较小，以中小断层为主，井田内已控制的断层中落差大于10 m的断层只有12条，而且较大落差断层多为逆断层，总体上断层的控水性较弱，采掘揭露后的涌水可通过疏排予以有效控制，不会对采掘形成较大范围或延续性影响。如回风斜井于2009年5月31日掘进至1 724 m位置，在巷道右帮+885.8 m标高附近揭露到DF3断层面，揭露初始涌水量只有30 m^3/h，随后逐渐减小，约9个月后(2010年3月份)基本稳定在21 m^3/h，表明断层的含水性和导水性均较弱。

(2) 枣泉井田2-2#煤底板含水层以粉砂岩和细粒砂岩为主，单层厚度变化较大，富水性弱～极弱，且多与泥质岩隔水层相间分布。一方面，由于底板含水层渗透性极弱，且采掘扰动导致的底板变形破坏深度有限，因此一般不会造成底板含水层渗透性的明显变化。另一方面，由于2-2#煤底板没有区域性的强富水岩层，即便受构造变动影响，在没有富水含水层作为补给源的条件下，采掘过程中较弱富水性和渗透性的底板含水层一般不会出现水动力条件剧变的情况。

根据采区掘采过程井下充水水源的统计分析结果可知，井下各处涌水主要来自煤顶板直罗组粗粒砂岩含水层裂隙的孔隙水，约占井下总涌水量的 90%，其次为浅部风氧化带水，约占井下总涌水量的 5%。由此可见，2-2# 煤采掘过程矿井水害防治的重点和难点是顶板砂岩水。

5.1.2　采动顶板含水层涌水量预测

对 2-2# 煤开采影响最大的是直罗组底部的七里镇中-粗粒砂岩含水层段。根据位于井田不同部位钻孔对该含水层段的抽水试验结果可知，井田南部、北部本含水层段的单位涌水量分别为 0.132 4 L/(s·m)和 0.15 L/(s·m)，渗透系数分别为 0.13 m/d 和 0.114 m/d，富水性中等偏低，渗透性总体反映较弱。井田中部富水性和渗透性明显较弱，钻孔的单位涌水量分别为 0.028 L/(s·m)和 0.018 L/(s·m)，渗透系数分别为 0.05 m/d 和 0.06 m/d。

从采掘实际揭露的情况看，采掘扰动后顶板含水层的富水性和渗透性均会呈不同程度的提高。与在井筒检查孔抽水试验结果基础上得出的井筒涌水量相比，进风立井和回风立井掘井施工实际揭露的直罗组砂岩含水层涌水量均明显增大(表 5-1)。

表 5-1　立井 2-2# 煤顶板含水层涌水量预测值与实际揭露结果对比表

<table>
<tr><th colspan="2" rowspan="2">涌水量含水层段</th><th colspan="2">预测涌水量/(m^3/h)</th><th rowspan="2">掘进揭露水量/(m^3/h)</th><th rowspan="2">含水层编号</th></tr>
<tr><th>大井法</th><th>比拟法</th></tr>
<tr><td rowspan="4">回风立井</td><td>直罗组上段</td><td>23.76</td><td>16～36</td><td>22.5</td><td>2～10</td></tr>
<tr><td rowspan="3">直罗组下段</td><td rowspan="3">45.25</td><td>5～10</td><td>25</td><td>11</td></tr>
<tr><td>10～15</td><td rowspan="2">迎头预注浆段，注浆前探水 50</td><td>12</td></tr>
<tr><td>20～30</td><td>13</td></tr>
<tr><td rowspan="3">进风立井</td><td>直罗组上段</td><td>14.76</td><td>22～41</td><td>30.2</td><td>2～9</td></tr>
<tr><td rowspan="2">直罗组下段</td><td rowspan="2">50.27</td><td>5～15</td><td rowspan="2">迎头预注浆段，注浆前探水 65</td><td>10</td></tr>
<tr><td>20～30</td><td>11</td></tr>
</table>

同样，井田地质勘探阶段也根据钻孔抽水试验结果采用大井法和地下水动力学法对 11 采区矿井涌水量进行了预测，在设定＋1 000 m 水平以上南北两翼各布置 4 个采掘工作面(南、北翼工作面长度分别为 1 400 m 和 1 250 m，宽度均为 250 m)，且两翼同时开采条件下，2-2# 煤开采矿井涌水量预测结果分别如表 5-2 和表 5-3 所列。

表 5-2　枣泉煤矿 11 采区 2-2# 煤开采矿井涌水量大井法预测结果

涌水层引用参数	J_2z 底部含水层		2# ～6# 煤间的Ⅲ含水层	
	北翼	南翼	北翼	南翼
渗透系数 k/(m/d)	0.093	0.12	0.012	0.010
水柱高度 H/m	209.77	198.33	234.65	201.15
含水层厚度 M/m	35.06	40.10	66.68	66.08
影响半径 R/m	639.71	687.04	257.05	201.15
引用半径 r_0/m	420.00	457.88	420.00	457.88
引用影响半径 R_0/m	1 059.71	1 144.92	677.05	659.03
涌水量 Q/(m^3/d)	4 260.50	5 888.44	2 122.14	1 918.96
涌水量合计/(m^3/h)	北翼：265.9　　南翼：325.3			

注:据《宁夏回族自治区宁东煤田鸳鸯湖矿区枣泉井田勘探地质报告》,宁夏煤田地质局,2006 年 8 月。

表 5-3　枣泉煤矿 11 采区 2-2# 煤开采矿井涌水量地下水动力学法预测结果

含水层引用参数	J_2z 底部含水层		2# ～6# 煤间的Ⅲ含水层	
	北翼	南翼	北翼	南翼
渗透系数 k/(m/d)	0.093	0.120	0.012	0.010
水柱高度 H/m	209.77	198.33	234.65	201.15
含水层厚度 M/m	35.06	40.10	66.68	66.08
影响半径 R/m	1 853.05	1 935.10	787.50	570.60
巷道(采区)进水长度 B/m	5 000	5 600	5 000	5 600
涌水量 Q/(m^3/d)	3 382.60	4 965.30	2 045.50	2 128.60
涌水量合计/(m^3/h)	北翼:226.2　　南翼:295.65			

注:据《宁夏回族自治区宁东煤田鸳鸯湖矿区枣泉井田勘探地质报告》,宁夏煤田地质局,2006 年 8 月。

根据大井法和地下水动力学法的矿井涌水量预测结果,+1 000 m 水平以上 2-2# 煤综采工作面总涌水量的预测结果分别为 591.3 m^3/h 和 521.8 m^3/h。但根据 2-2# 煤采区井下涌水统计资料,截至 2015 年 8 月,矿井涌水总量即达 370.6 m^3/h,而当时只有 112205 工作面处于正常回采状态,112206 工作面和 112208 工作面采掘系统虽已形成,但尚未开始回采。由此可见,预测涌水量要比实际揭露的涌水量小得多。

5.1.3　顶板导水裂隙带发育高度预计

枣泉煤矿 2-2# 煤采用放顶法开采,由于顶板砂岩含水层与煤层的层间距较小，甚至为煤层直接顶，砂岩含水层处于导水裂隙带范围内，采动裂隙是顶板水进入矿井的主要通道，因此导水裂隙带发育高度直接影响顶板砂岩水的充水强度和补给水源条件。

枣泉煤矿开采伊始，没有进行顶板导水裂隙带发育高度方面的实测或观测工作，为此，可通过经验计算、数值建模分析及工程地质类比分析方法对11采区2-2#煤开采顶板导水裂隙带发育高度作初步预测分析。

5.1.3.1 经验计算

以112206工作面为例，根据工作面内M402、M302钻孔2-2#煤顶、底板岩性的试验结果可知，2-2#煤顶板岩层的单向抗压强度平均为5.13 MPa，底板为1.36 MPa，均小于10 MPa，属于极软弱岩石。依据《三下采煤规范》，顶板采动垮落带与导水裂隙带发育高度的计算公式为：

$$H_{\mathrm{k}} = \frac{100\sum M}{7.0\sum M + 63} \pm 1.2 \text{（极软弱岩石）} \tag{5-1}$$

$$H_{\mathrm{li}} = \frac{100\sum M}{5.0\sum M + 8.0} \pm 3.0 \text{（极软弱岩石）} \tag{5-2}$$

如工作面实际采厚以3.4 m计算，顶板垮落带与导水裂隙带发育高度分别为：

$$H_{\mathrm{k}} = \frac{100\sum M}{7.0\sum M + 63} \pm 1.2 = \frac{100 \times 3.4}{7.0 \times 3.4 + 63} + 1.2 \approx 5.1(\mathrm{m})$$

$$H_{\mathrm{li}} = \frac{100\sum M}{5.0\sum M + 8.0} \pm 3 = \frac{100 \times 3.4}{5 \times 3.4 + 8} + 3 = 16.6(\mathrm{m})$$

5.1.3.2 数值建模分析

数值计算是解决采矿工程与岩土力学问题的有效手段，拓展了工程地质领域的定量研究手段，成功地解决了许多重大工程地质问题。

煤层开采后，顶底板原始应力发生变化，产生变形、移动乃至破坏，其波及范围往往很大。数值模拟方法可以量化评价采动过程顶板的非线性大变形问题。目前通常采用FLAC^{3D}有限差分数值模拟软件对顶板采动破坏进行模拟，以了解煤层顶板采动破坏特征的一般规律。数值模拟采动覆岩变形的关键问题是确定模型的范围，从理论上讲，计算模型越大，边界效应对分析问题的影响越小，但考虑到计算机内存、计算速度、计算精度等多种限制因素，模型范围不可能取得无限大，只能确定一个合理的范围，对研究问题的结果不产生显著影响即可。为了解枣泉煤矿2-2#煤开采过程的顶板变形规律和破坏程度，选择11采区

112206 工作面进行数值建模分析。

(1) 地质模型

112206 工作面位于枣泉井田北翼,工作面走向长度为 1 750 m,倾斜宽度为 262 m,面积为 458 500 m^2,煤层平均厚度为 2.43 m,平均倾角为 23°。

根据 112206 工作面 2-2# 煤顶底板综合柱状图建立的地质概化模型如图 5-1 所示。2-2# 煤顶底板岩层按工程地质性质划分为泥岩、细粒砂岩、粉砂岩和粗粒砂岩等 4 个工程地质岩组,2-2# 煤顶板取覆岩厚度 76 m,其上覆岩层自重采用补偿压力。

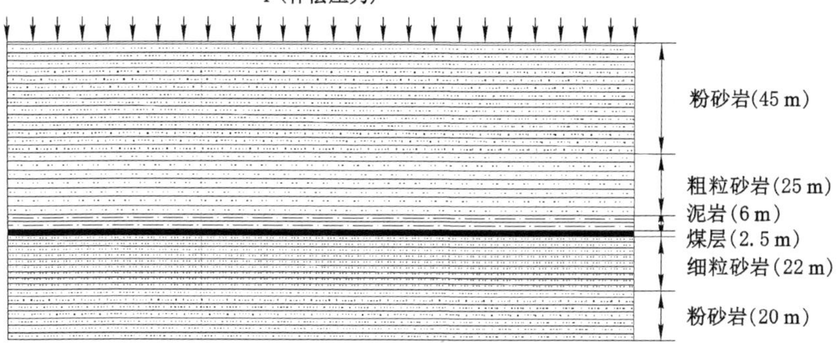

图 5-1 地质概化模型

(2) 数值模型

在地质概化模型基础上建立的数值模型如图 5-2 所示。模型高度为 210 m、长度为 600 m、宽度为 260 m,划分为 14 400 个单元、16 775 个节点;模型左右预留 100 m 保护煤柱,中间煤层分 4 步开挖,每步开挖 100 m,共开挖 400 m。

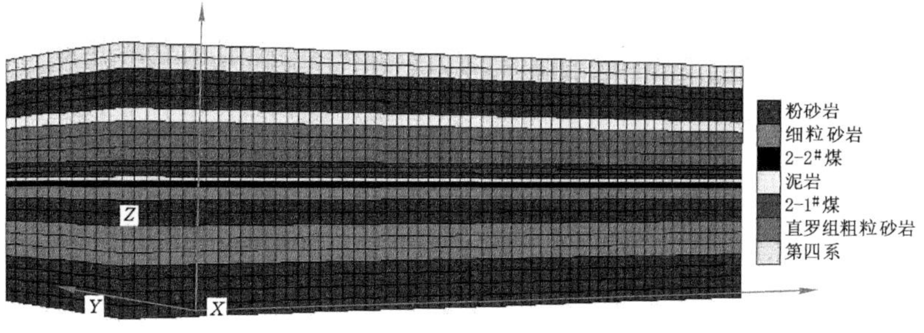

图 5-2 数值模型

(3) 计算参数

数值计算参数如表 5-4 所列。

表 5-4　模型计算参数

岩石名称	弹性模量/MPa	泊松比	黏聚力/MPa	内摩擦角/(°)	抗拉强度/MPa	密度/(g/cm³)
泥岩	600	0.28	2.0	27	1.600	2.7
细粒砂岩	900	0.27	3.4	30	2.700	2.5
粉砂岩	760	0.26	3.0	29	2.400	2.3
2-1# 煤、2-2# 煤	300	0.30	0.8	22	0.650	1.9
粗粒砂岩	1 400	0.19	4.6	20	0.004	2.5

莫尔-库仑本构模型中的体积模量 K、剪切模量 G 根据下面的公式进行换算：

$$K = \frac{E}{3(1-2\nu)} \tag{5-3}$$

$$G = \frac{E}{2(1+\nu)} \tag{5-4}$$

式中　E——弹性模量；

ν——泊松比。

(4) 顶板下沉位移特征

图 5-3 为工作面推进 100 m、200 m、300 m 和 400 m 时的顶板下沉位移变形趋势云图。由图 5-3 可以看出，随着工作面向前推进，顶板下沉位移范围逐渐扩大，下沉位移幅度也不断增加，最大下沉位移产生于采空区中部。从采动过程顶板下沉位移幅度变化情况看，随工作面推进距离的逐渐增大，顶板位移幅度快速增大。如图 5-4 所示，工作面推进距离为 100 m 和 200 m 时，顶板最大下沉位移量分别约为 0.204 m 和 0.430 m，而推进距离达到 300 m 时，最大下沉位移量扩大至 0.955 m，继续推进至 400 m 时，顶板最大下沉位移量急剧增大至 3.150 m。

(5) 采动顶板变形特点

采动顶板应力重分布造成的应力集中使顶板产生移动变形而破坏。覆岩变形一般形成垮落带、裂隙带和弯曲下沉带，其中垮落带和裂隙带合称为顶板采动破坏带。由于顶板采动破坏带范围的岩层结构受到强烈扰动，形成连通性良好的裂隙网络，因此，从阻水条件角度通常又将其定义为导水裂隙带。

采空区覆岩变形表现为局部拉张屈服，数值模拟分析中，通常设定顶板为脆性材料，单元达到屈服条件后即发生破坏。由于 2-2# 煤顶板覆岩以砂岩为主，在发生剪切或拉张破坏后，裂隙难以压密闭合，故一般可将塑性区作为确定导水

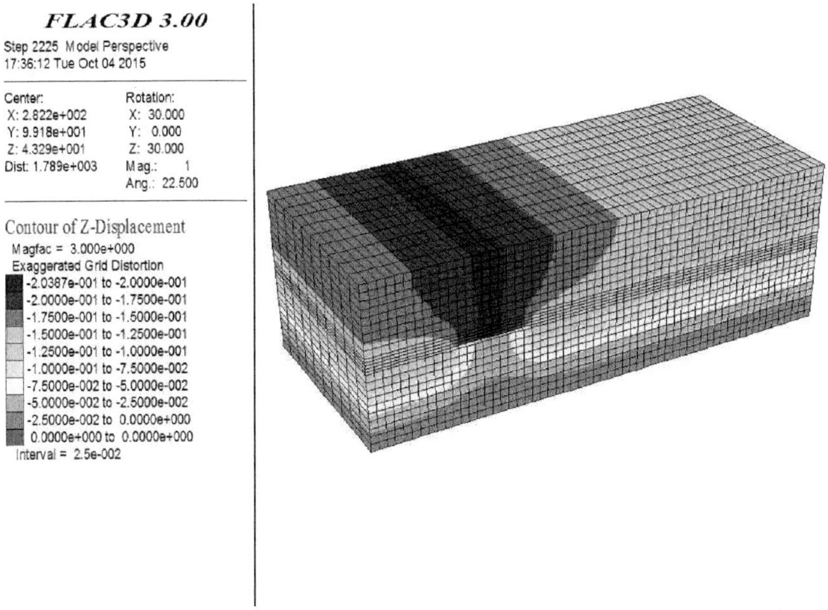

(a) 工作面推进100 m

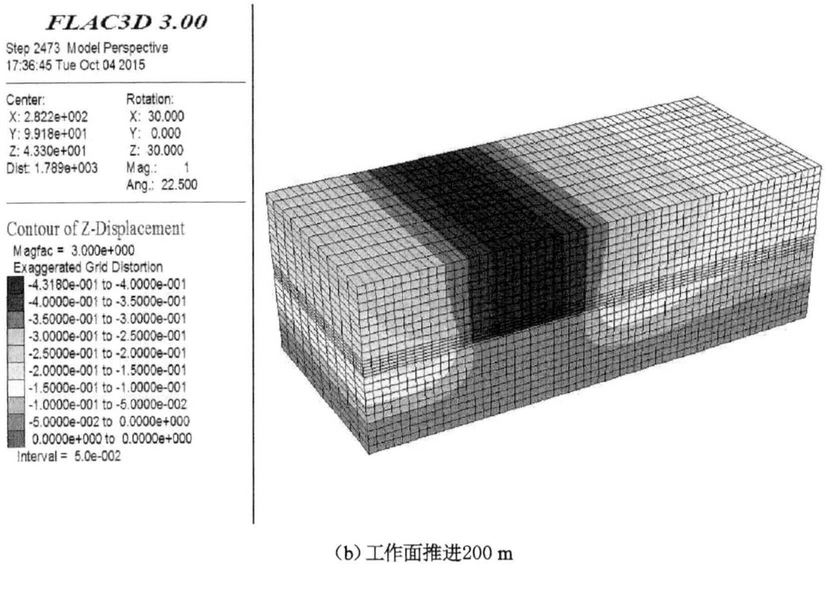

(b) 工作面推进200 m

图 5-3　采动过程顶板下沉位移变形趋势云图

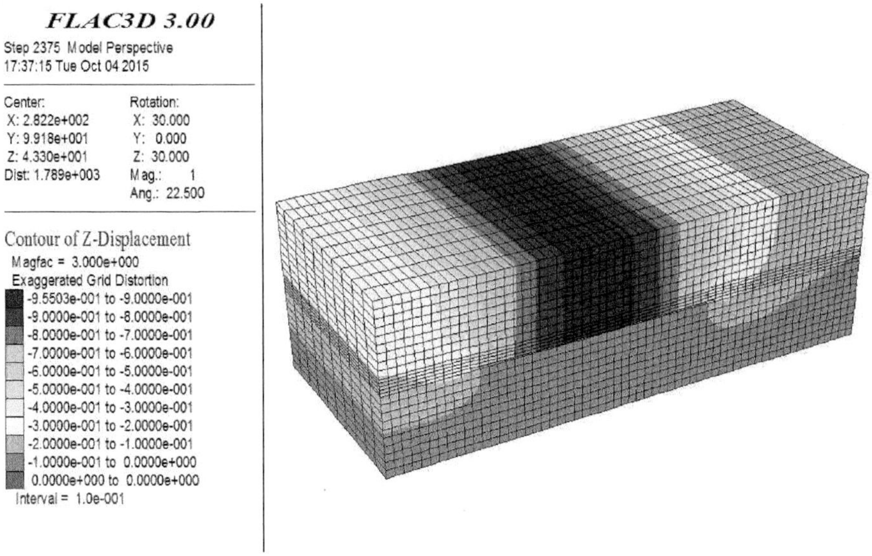

(c) 工作面推进300 m

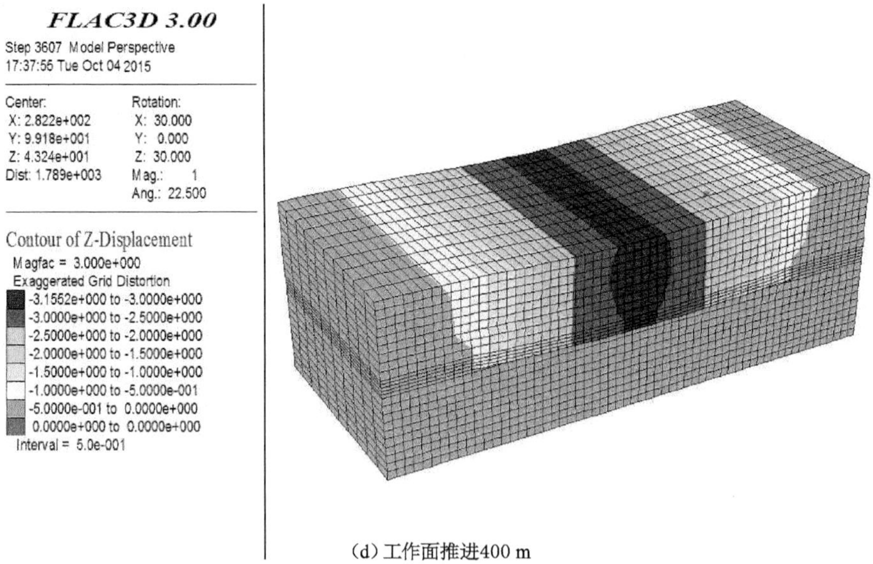

(d) 工作面推进400 m

图 5-3(续)

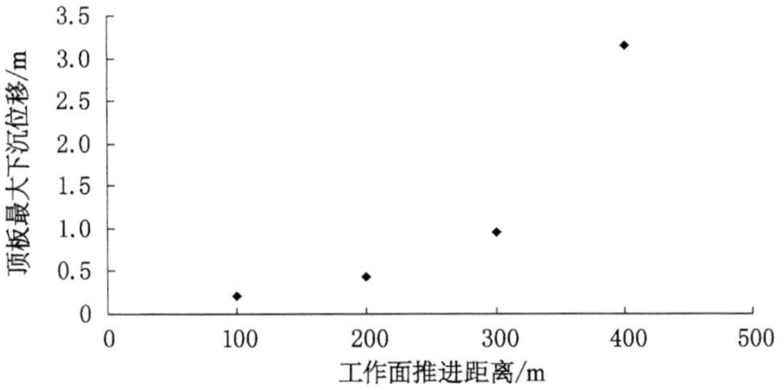

图 5-4　工作面推进距离与顶板下沉位移幅度关系

裂隙带高度的依据。

图 5-5 为采动过程 2-2# 煤顶板塑性区发育趋势图。总体上，随着工作面推进，顶板塑性区范围也随之逐渐扩大，但采空区达到一定长度后，采动覆岩塑性变形区的发育高度则基本趋于稳定。对比工作面推进距离分别达到 300 m 和 400 m 情况的塑性区发育程度[图 5-5(c)和图 5-5(d)]，发现随工作面推进距离增大，尽管塑性区范围明显扩大，但顶板塑性区发育的高度基本不变(约为 36 m)。

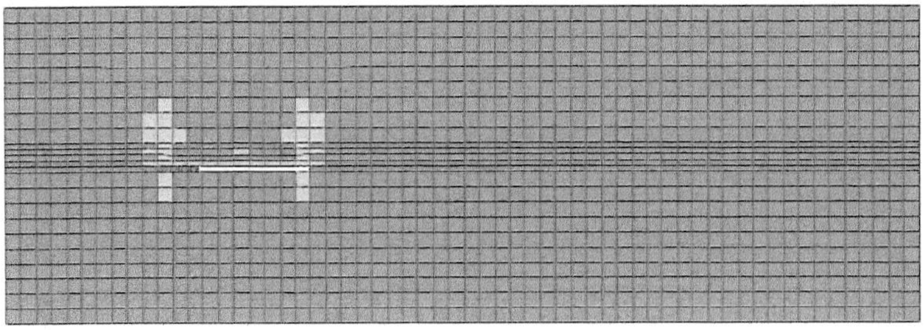

(a) 工作面推进100 m

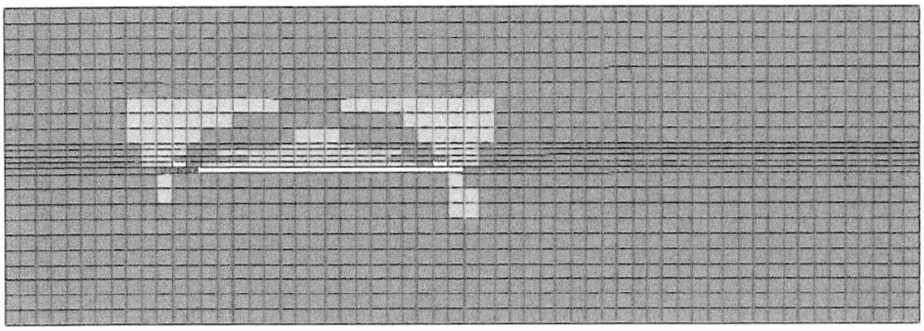

(b) 工作面推进200 m

图 5-5　采动过程 2-2# 煤顶板塑性区发育趋势图

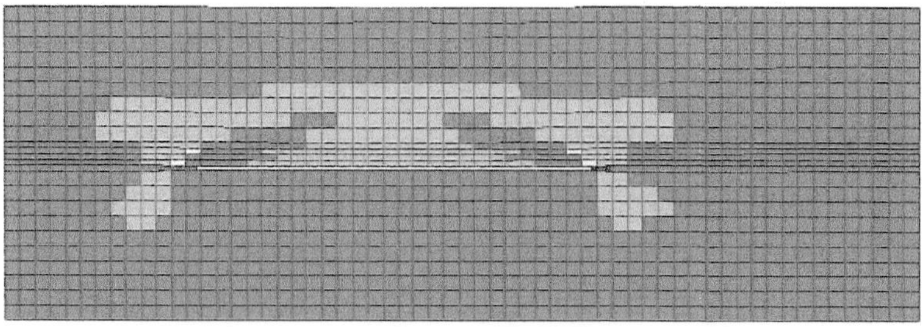

(c) 工作面推进300 m

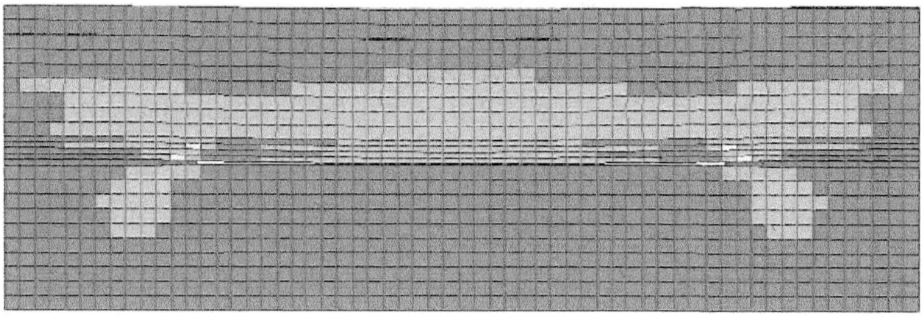

(d) 工作面推进400 m

图 5-5(续)

一般情况下,工作面推进至一定距离,当采空区上部覆岩受力逐渐由受拉状态过渡至受压状态,覆岩移动变形也基本达到充分程度,此后,随工作面继续推进,塑性区高度也基本趋于稳定。根据上述工作面推进过程顶板覆岩垂向应力分布及塑性区高度发育趋势的数值分析结果分析认为,112206 工作面回采 400 m 时,顶板覆岩的移动变形基本达到了充分程度,随着工作面的继续推进,顶板塑性区高度也基本趋于稳定,并最终形成如图 5-6 所示的近似马鞍形的导水裂缝带。

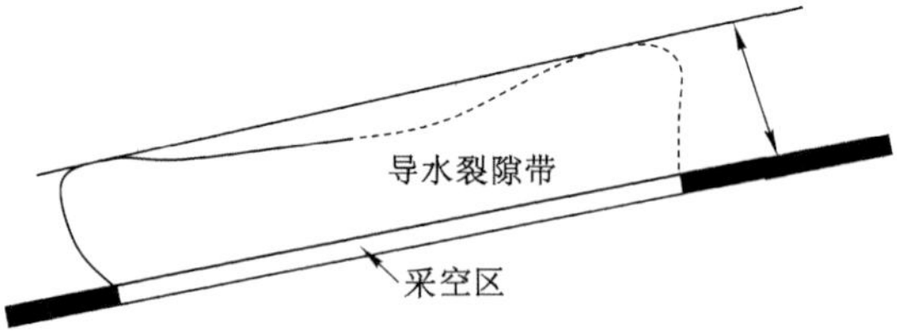

图 5-6　2-2# 煤顶板导水裂隙带发育程度示意图

5.1.3.3　工程地质类比分析

区内关于 2-2# 煤开采顶板导水裂隙带发育高度实际研究成果较少,据邻近的灵新矿“上三带”观测试验总结，该矿煤层裂采比和垮采比分别高达 20.8 和 9.4。如据此推算，枣泉煤矿 2-2# 煤开采厚度以 3.4 m 计算，则垮落带发育高度可达 31.96(=3.4×9.4) m，导水裂隙带发育高度可达 70.72(=3.4×20.8) m。

5.1.4 顶板水害特征

根据立井掘井施工实际揭露的情况，2-2# 煤上覆 100 m 厚度范围的覆岩中，砂岩类覆岩厚度比例高达 90%左右，其中有 5 层富水性较好的中、粗粒砂岩，回风立井和进风立井施工揭露的单层涌水量均在 3 m^3/h 以上。

2-2# 煤顶板直罗组砂岩含水层属富水弱渗含水层，根据钻探取芯及采掘实际揭露的情况，2-2# 煤顶板砂岩属孔隙性含水介质，天然结构状态下裂隙不发育，且以微细裂隙为主。尽管因其天然结构状态下的渗透性较弱而导致抽水试验反映的钻孔单位涌水量不是太大，但抽水试验过程钻孔涌水量相对稳定及水位恢复时间较短两方面情况综合反映出含水层补给充分。因此，2-2# 煤采动过程中，随着覆岩下沉移动变形，不但顶板导水裂隙带范围砂岩水整体下泄，其上移动带砂岩含水层的渗透性也会随之改善，采空区顶板形成较大范围的汇流区，由此导致矿井的实际涌水量将较抽水试验基础上的预测结果大大增加。

上述 3 种不同方法估算的 2-2# 煤采动顶板导水裂隙带发育厚度差异较大，由于《三下采煤规范》推荐的经验计算公式为国内煤矿的经验总结，开采方法、工作面大小及采厚等多方面与枣泉煤矿实际条件有较大出入。综合考虑枣泉煤矿 11 采区大工作面布置、采厚较大、综放开采方法，以及 2-2# 煤顶板强度较低和采动易垮落的情况，分析认为，枣泉煤矿 2-2# 煤开采的顶板导水裂隙带发育高度会远远大于经验公式的计算结果。

图 5-6～图 5-8 分别为 112205 工作面、112206 工作面和 112208 工作面 2-2# 煤顶底板综合柱状图。2-2# 煤与直罗组底部粗粒砂岩含水层平均间隔厚度分别为 19.3 m、9.17 m 和 14.63 m，即便考虑最低估算结果(经验计算结果)，导水裂隙带高度按 22 m 考虑，2-2# 煤采动顶板导水裂隙带也会波及直罗组底部富水砂岩含水层。

采动顶板导水裂隙带波及直罗组底部粗粒砂岩含水层情况下，采空区成为含水层的集中排泄区，而采动裂隙可以成为通畅的渗流网络，并且排泄区范围和裂隙渗流网络的连通区域都会随采空区的扩大而增大，使顶板含水层的径流通道由原始状态的孔隙性渗流转变为裂隙性渗流，从而导致矿井涌水量的急剧增大。

在断层影响部位，采动顶板移动变形会导致顶板水害程度进一步加剧。一方面，断层两盘位移时的强大摩擦阻力作用导致断层面附近的两盘岩石破裂，产

地层	柱状(1:200)	层号	真厚/m	真厚累计/m	岩石名称	岩性特征
侏罗系中统延安组 J_2y		1	27.78~57.69/37.9	37.9	粗粒砂岩	灰褐色，结构松散，泥质胶结
		2	1.22~2.08/1.5	39.4	细粒砂岩	灰色，块状，坚硬
		3	0.94~2.45/1.9	41.3	粉砂岩	灰黑色，块状
		4	1.47~2.21/1.9	43.2	2-1#煤	黑色，半暗型，块状
		5	9.6~12.25/10.9	54.1	细粒砂岩	灰白色，厚层状，节理、层理发育，遇水易变软
		6	2.12~4.09/3.1	57.2	粉砂岩	灰白色，厚层状，遇水易变软，易脱层
		7	0.00~0.4/0.2	57.4	碳质泥岩	灰黑色，薄层状，层理发育，较破碎，易脱落
		8	1.90~4.08/3.4	60.8	2-2#煤	黑色，半暗型，层状结构，煤层结构:1.0(0.2)2.2
		9	0.40~3.54/2.8	63.6	细粒砂岩	灰白色，结构致密，节理、层理不发育，遇水变软，具有碳质条带；上部有一层0.3 m厚的泥岩
		10	6.76~11.98/8.5	72.1	泥岩	灰色，结构致密，具滑面，含砂质条带，并夹有薄层细砂，下部含砂量较高

图 5-7　112205 工作面 2-2# 煤顶底板综合柱状图

地层	柱状(1:200)	层号	真厚/m	真厚累计/m	岩石名称	岩性特征
侏罗系中统延安组 J_2y	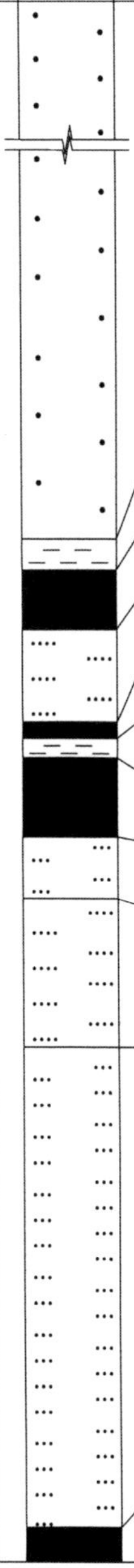	1	17.59~31.6 25.2	25.2	粗粒砂岩	浅灰色至灰白色,厚层状,分选差,泥质胶结,松散;局部夹细粒砂岩
		2	0.21~1.62 0.95	26.15	碳质泥岩	黑色,薄层状,参差状断口,土状光泽
		3	1.23~2.32 1.83	27.98	2-1#煤	灰黑色,半暗型,均一结构
		4	1.64~4.32 2.86	30.84	粉砂岩	浅黄色,夹细粒砂岩及煤线,平行层理
		5	0~0.7 0.5	31.34	末煤	黑色,半暗型,块状
		6	0~0.9 0.6	31.94	泥岩	暗灰色,块状,结构较致密,夹煤屑
		7	1.33~3.2 2.43	34.37	2-2#煤	黑色,半暗型,块状,丝绢光泽
		8	0~3.83 1.92	36.29	细粒砂岩	灰色,块状,结构致密,夹薄层泥岩
		9	0~7.51 4.56	40.85	粉砂岩	灰色,中厚层状,结构致密,泥质胶结,遇水变软
		10	9.48~21.01 14.81	55.66	细粒砂岩	浅灰白,岩石完整,较坚硬,具水平波状层理,夹粉砂岩条带
		11	0.57~1.41 1.07	56.73	3#煤	黑色,块状,半暗型

图 5-8　112206 工作面 2-2# 煤顶底板综合柱状图

地层		柱状(1:200)	层号	真厚/m	真厚累计/m	岩石名称	岩性特征
侏罗系中统延安组 J_2y			1	21.4~80.02 46.0	46.0	粗粒砂岩	灰白色，巨厚层状，钙质胶结，分选差，松散；局部夹细粒砂岩
			2	1.02~6.81 3.75	49.75	粉砂岩	浅灰色，中厚层状，水平纹理
			3	0.00~4.14 0.86	50.61	细粒砂岩	灰白色，交错层理，钙质胶结
			4	0.00~2.25 0.68	51.29	泥岩	黑色，易碎，层状结构
			5	1.28~2.41 1.92	53.21	2-1#煤	黑色，块状，半暗型，坚硬，参差状断口
			6	0.00~3.28 2.5	55.71	粉砂岩	深灰色，较坚硬，具滑面，水平层理，钙质胶结
			7	0.00~4.46 1.5	57.21	泥岩	黑色，层状，质软易碎，夹煤线
			8	2.08~4.05 3.42	60.63	2-2#煤	黑色，半暗型，块状，沥青光泽
			9	1.47~15.73 8.35	68.98	粉砂岩	灰白色，中厚层状，较坚硬，有挤压现象
			10	0.00~8.15 2.44	71.42	细粒砂岩	灰色，厚层状，钙质胶结
			11	0.00~14.01 5.18	76.60	中粒砂岩	浅灰白色，厚层状，较坚硬
			12	0.84~7.19 2.53	79.13	粉砂岩	浅灰色，厚层状，结构致密，上部夹泥岩
			13	0.48~1.07 0.83	79.96	3#煤	黑色，块状，半暗型，具有沥青光泽

图 5-9　112208 工作面 2-2# 煤顶底板综合柱状图

生大量的羽状裂隙，形成裂隙发育带。在断层规模较大且切穿多个含水层情况下，上部含水层会通过断层破碎带与顶板直接充水含水层发生水力联系（图 5-10），使充水含水层取得水源补给，从而增大顶板水害程度。另一方面，顶板采动变形会大大增加断层活化的可能性。如图 5-11 所示，在顶板导水裂隙带波及断层或接近断层情况下，断层裂隙带极易受到采动变形的叠加作用，其结果不但会大大增加顶板裂隙带的连通程度，而且断层破碎带可能会成为上部含水层水进入采空区的直接通道。

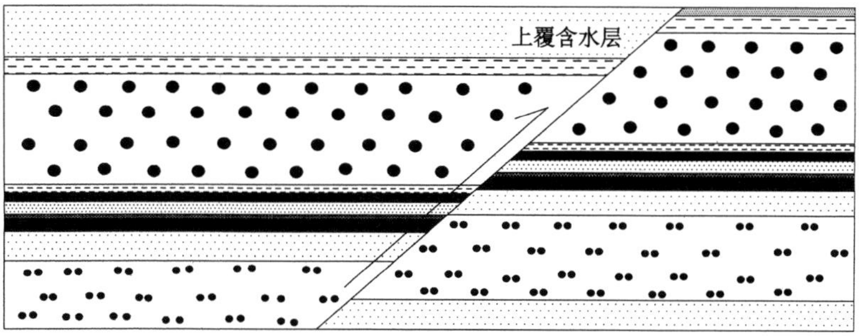

图 5-10　工作面断层导水形态示意图

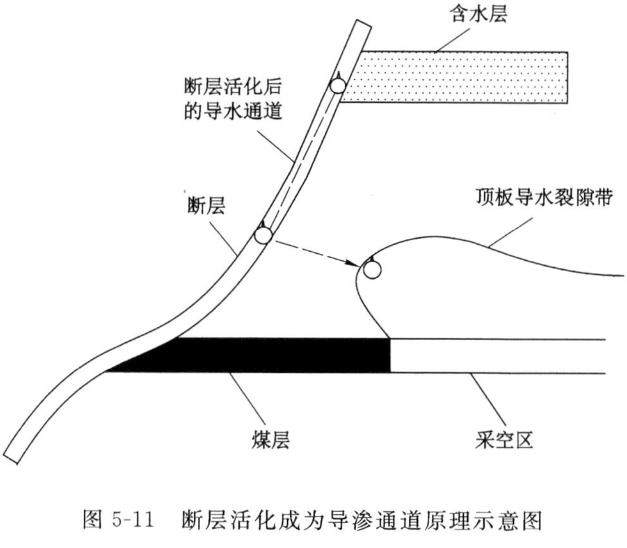

图 5-11　断层活化成为导渗通道原理示意图

5.2 宁东典型生态脆弱矿井顶板砂岩水开采方法的选择

矿井水开采方式可分为石门采水和井巷采水。井巷采水依据井下采水巷与被开采含水层的位置，可以分为直通式井下采水孔、上行式井下采水孔、下行式井下采水孔、水平（近水平）式井下采水孔和压力传递式井下采水孔。

选择合理的开采方式，必须充分研究整个矿井（区）和各主要运输巷、石门或采区的水文地质及工程地质特征，并针对不同的充水岩层（体）或富水带，采用不同的采水方案。在开采过程中，为减少充水岩层（体）的补给来源，减少影响井下安全生产的部分涌水点，结合必要的地下水截堵工作，实现有效开采，增加一些综合性的防治水措施是完全必要的。

根据枣泉煤矿的具体情况，顶板砂岩水可选择的采水方案主要有以下几种：

(1) 利用突水点实施采水

利用掘进于井下的各种巷道或石门，可对砂岩含水层有不同程度的揭露，对各种出水点在人为控制下有目的地放水，通过突水点自然开采，则会形成在工作面内以突水点为中心的含水层水位下降漏斗，为工作面安全回采创造较好的开采环境，并对深部的井巷工程施工起到降压掩护效果。

但是，综合分析周边矿井顶板周期性突水特征、井下钻孔开采效果、地面抽水试验成果等水文地质资料，本区主要充水含水层——直罗组下段砂岩裂隙孔隙含水层采空区周期性涌水时间集中、水量大，但水量衰减速度快，且单孔涌水量小，渗透系数小，利用采空区突水点采水影响范围小，不能从根本上解决顶板水害问题，因此需要配合其他采水措施，以期取得预期的效果。

(2) 石门采水

采水石门通常布置在开采水平的中心区域，当石门穿过所需要采水的含水层时，为了充分利用石门的多功能性，可不对含水层进行注浆改造而使含水层水通过石门穿过段直接流入石门而达到集中采水的目的。石门采水的最大优点是可同时开采多个切穿含水层且可兼作运输使用。

但是，枣泉煤矿直罗组下段砂岩裂隙孔隙含水层胶结程度差、遇水有变松软的特征。石门掘进后若不进行衬砌支护，长期作为采水通道使用则极易塌陷，不利于矿井安全生产。另外，如上所述，矿区 2# 煤直接充水含水层渗透性差，石门采水影响范围有限，采水效果不甚理想。但是对于 2# 煤的底板含水层，可以利用石门衬砌壁后埋设采水管进行采水，作为其他采水方式的补充，石门采水可进行试验性研究。

(3) 井巷采水

井巷采水是指在矿井开拓及工作面准备过程中，直接利用掘进于含水层中的井巷进行预先采水或并行采水。虽然枣泉煤矿 2-2# 煤与直罗组砂岩含水层之间层间距较小，有利于采水巷道施工，但是直罗组下段砂岩裂隙孔隙含水层胶结程度差、遇水变松软，使采水巷极易垮塌、变形，巷道支护、维护、维修工程量大且巷道不能长期留存，且易形成新的安全隐患。因此井巷采水方式在本区不宜采用。

(4) 井下钻孔采水

井下钻孔采水是指通过在井下的开拓巷道中施工专门的钻孔，并使钻孔直接进入需要采水的充水岩层(体)，利用地下水的自然重力或压力水头，将含水层中的地下水有控制地引流到井巷，再通过矿井排水系统将水排出地表以实现含水层水的采水或降压。井下采水钻孔分水平孔、上仰孔、俯斜孔、下行垂直孔和上行垂直孔等多种形式。井下采水孔多用于分散采水或局部采水。井下采水系统一般由泄水钻孔、钻井硐室、引水管线(或水沟)等组成。

(5) 矿井联合采水

矿井联合采水是指在一个矿区范围或同一个水文地质单元内，采用两个以上的多个矿井联合采水，即多个矿井协同作战，相邻矿井之间的采水系统互相协调，形成对统一含水层的整体采水系统。虽然矿井可以人为地划分为多个，但不同矿井受水威胁的含水层往往是一个整体，他们具有统一的补给、径流和排泄方式，在这种条件下，不同矿井之间的采水工程相互协调，统一规划，取得更好的采水效果。

多种采水方式的联合采水是指采用采水方法中的 2 种以上方式进行采水。多种采水方式的联合采水的优点在于可以扬长避短，尽可能地发挥各种采水方法的优势，但操作工艺相对复杂。

根据上述采水方法的优、缺点及适用条件，并结合矿区的实际情况进行分析认为，11 采区工作面顶板直罗组底部粗粒砂岩裂隙孔隙含水层水体开采宜采用井下群孔开采为主，采后顶板垮落使残余水量自然涌出为辅的联合采水方式；采取增加采水孔数量和含水层裸孔段长度等措施来提升采水效果，缩短顶板水开采时间。

5.3 宁东典型生态脆弱矿井顶板砂岩水开采方案设计

5.3.1 采水钻孔设计

根据 112205 工作面实际回采情况，提前开采 2-1# 煤顶板直罗组粗粒砂岩含水层水，有效开采工作面顶板水资源，减少矿区地下水流失，降低工作面在回采期间的顶板出水量和出水强度，防止回采时发生突水事故，设计在112205辅运巷9号联络巷至设计终采线范围内施工47组（每组3个）顶板水开采钻孔，钻孔按设计角度（288°40′）施工至工作面顶板含水层内。顶板水开采钻孔设计采用ZDY-800型锚杆钻机。钻孔深度以打穿2-1#煤顶板粗粒砂岩含水层为准。

(1) 钻孔结构设计

井下钻孔应尽量自煤层顶板完整粉砂岩段开孔，直罗组粗粒砂岩含水层后终孔。钻孔开孔直径为146 mm，煤层直接顶板粉砂岩、泥岩段下直径为127 mm、壁厚为6 mm的孔口管。在含水层段以直径为113 mm的裸孔钻进，终孔位于直罗组粗粒砂岩含水层顶板。顶板水开采钻孔结构示意图如图5-12所示。

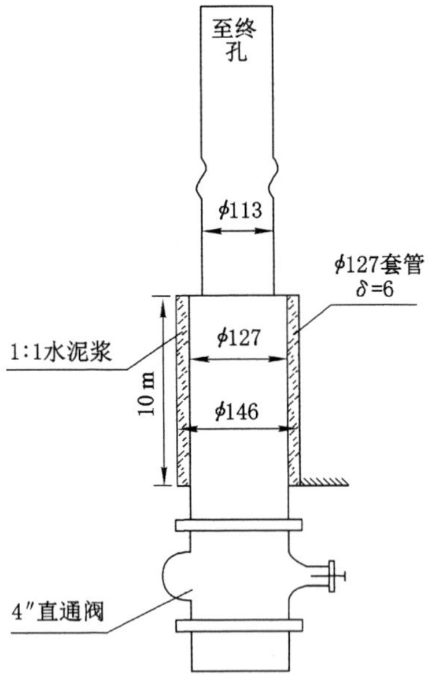

图5-12　顶板水开采钻孔结构示意图

(2) 孔口管的安装与固定

孔口管除具有导向作用外，还是防止煤岩壁渗水及含水层涌水带压溃破的最后屏障，因此必须固壁牢靠。选择2#煤顶板岩层坚硬完整地段开孔，孔口管为孔径127 mm的地质套管，缠绕6#铅丝并对局部进行点焊。孔口管长度以隔离煤层直接顶板粉砂岩、泥岩为目标，其长度暂定10 m，后期根据直罗组砂岩含水层水压大小进行调整。孔口管以丝扣连接，外露部分长度不得大于 0.5 m。钻至预定深度后，将孔内冲洗干净。注浆使孔口管(管周围应焊扶正肋骨片)与孔壁间充满水泥浆液或化学浆液。

方案一：水灰比为 0.75∶1，可掺入 5%水玻璃(42Be)，常温条件下，凝固 24 h 即可扫孔；方案二：采用化学浆液固结，配比与凝固时间根据化学浆液性质确定。

待孔口管周围水泥浆液凝固后扫孔，扫孔深度应超过孔口管长度 0.5 m。孔口管结构示意图见图 5-13；孔口管固结注浆接头结构示意图见图 5-14。

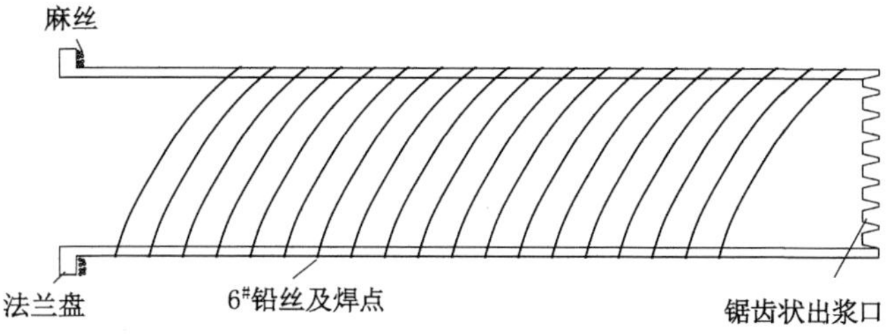

图 5-13　孔口管结构示意图

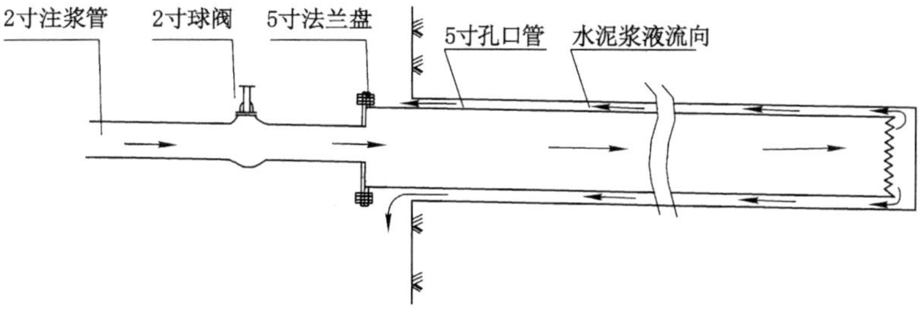

图 5-14　孔口管固结注浆接头结构示意图

(3) 孔口装置

测量和收集顶板水开采时的水量、水压等资料时，除了要安装质量合格且耐压达 4 MPa 的控水阀门，还需要压力表和流量计等孔口装置(图 5-15)。孔口装置要同钻孔套管的法兰盘连接在一起，并且易于拆开，在测量过程中要求密封不漏水。为了不影响钻探施工进度，建议将孔口阀门安排在钻进至预计深度提前 5 m 时安装。等钻入至含水异常体部位并出水后，进行水量与水压观测。在钻进过程中，一旦发现钻孔中水压、水量突然增大时，应通过阀门加以控制。

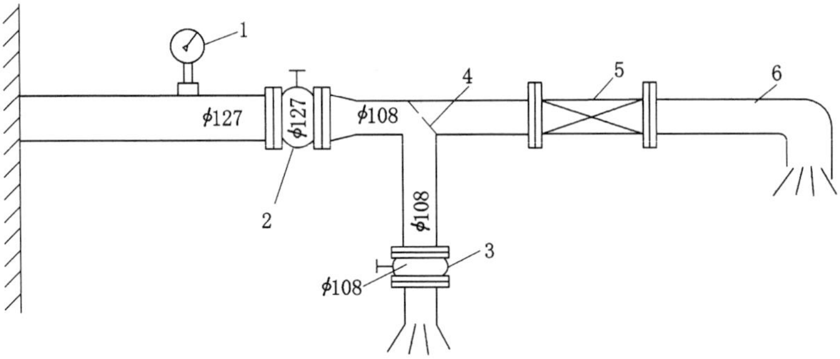

1—压力表;2—球阀;3—蝶阀;4—滤板;5—流量表;6—软管。

图 5-15　井下采水孔孔口装置示意图

5.3.2　钻孔布置方案及施工技术要求

(1) 钻孔参数布置

根据 112205 工作面范围内钻孔资料(M1103、M1003、M903、M802),同时结合现场实际情况,设计顶板水开采钻孔共 47 个,钻孔的方位为 288°40′,钻孔仰角为 45°,其中 1# ～9# 孔分布在 M1103 孔附近,孔深为 36～110 m,见含水层距离为18 m;10# ～23# 孔分布在 M1003 孔附近,孔深为 35～89 m,见含水层距离为 19 m;24# ～36# 孔分布在 M903 孔附近,孔深为 49～111 m,见含水层距离为 25 m;37# ～47# 孔分布在 M802 孔附近,孔深为 61～126 m,见含水层距离为 34 m。

(2) 技术要求及注意事项

① 打钻时要严格按照设计要求进行施工,且在钻孔施工结束后,将锚锁穿入钻孔内,以备在钻孔堵塞后对其进行疏通。同时应将钻孔的实际施工情况填入钻孔观测记录表。

② 钻孔施工人员必须严格按照设计的钻孔方位、倾角进行施工(图 5-16)。

③ 安装钻机前,要检查钻场周围的支护情况,避免在打钻过程中由于钻机震动等原因造成巷道顶板或两帮片帮伤人。

④ 钻机支护要牢固,避免钻机震动等原因造成钻机发生位移,使钻杆断裂或造成施工钻孔角度偏差。钻机稳固后,用坡度规对钻杆倾角进行复核,严格按照设计调整钻孔角度,同时应根据已施工成功的钻孔,掌握钻孔坡度偏移角度,以便提高钻孔成功率。

⑤ 检查煤壁,对有冒顶危险的巷道要采取支柱加固等措施,避免发生冒顶

图 5-16 现场钻孔施工图

片帮。对有片帮危险的煤壁，要补打锚杆，加强支护等措施。

⑥ 修整水沟，以保证钻孔出水顺水沟流出。

⑦ 施工过程中，如果出现钻孔打废或断杆，需在距原孔 0.8 m 左右处平行原孔重新打孔。

⑧ 必须在工作面回采到钻孔位置前施工顶板水开采钻孔，钻孔位置距下端头距离不得小于 60 m。

⑨ 对已施工完毕的有效钻孔，在 112205 辅运巷进行编号。

⑩ 对每个施工结束后的成功钻孔下口要根据其位置设挡水装置，避免放水时水流乱流，水流统一引至 112205 辅运巷水仓内。

⑪ 每个钻孔施工完毕后，需立即向生产技术科和基建科填报打钻记录表，并汇报钻孔施工结果。

⑫ 施工队必须组织人员学习《煤矿安全规程》和《钻机工操作规程》，熟悉并掌握安全措施，保证人员安全、设备不发生故障，做到安全钻进。

⑬ 加强作业点突出预兆观察，若遇突然涌水和其他出水征兆等异常情况时，应立即停止钻进，不得卸钻，并将有关情况迅速电话汇报调度室，做好应急处理。

5.3.3 顶板水井下输送

输水路线：112205 工作面辅运巷放水孔→集水槽（图 5-17）→顶板导水管（图 5-18）→112205 工作面辅运巷巷旁排水沟（图 5-19）→112205 工作面清水仓。

到达清水仓的顶板水用于工作面、掘进面的防尘洒水或设备冷却等。

图 5-17　集水槽

图 5-18　顶板导水管

图 5-19　112205 工作面辅运巷巷旁排水沟

5.4 宁东典型生态脆弱矿井顶板砂岩水开采效果分析

在 112205 工作面 30 个钻场内共施工 68 个顶板水开采钻孔，通过钻孔出水量分析顶板直罗组砂岩水的开采效果。

根据钻孔出水量观测数据统计结果可以看出，各钻场在初始阶段开采效果较好，出水量较大的 4[#] 钻场在 2016 年 5 月 12 日单日实测涌水量为 36.9 m^3/h。

由图 5-20～图 5-23 可以看出，2015 年 3 月初至 8 月底期间钻孔对顶板水的开采效果总体较好，钻孔开采水量约占工作面总涌水量的 50%。但开采历时 5 个月后，钻孔出水量逐渐减小，其占工作面总涌水量的比例也不断降低，至 2016 年 1 月以后，钻孔开采水量占总涌水量的比例稳定在 30%～40% 范围。

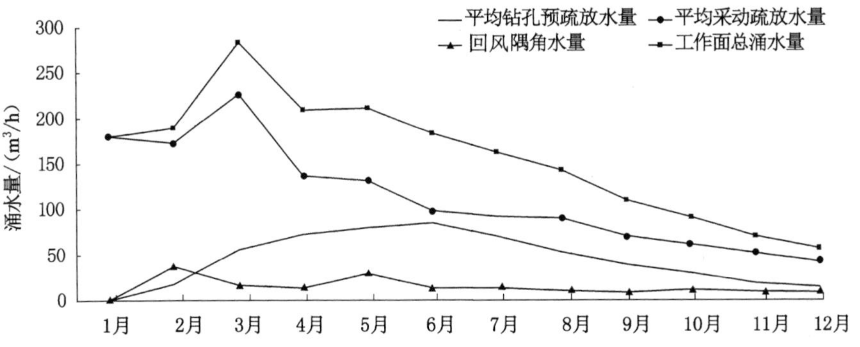

图 5-20 梅花井 112205 工作面顶板水开采初期涌水量变化图

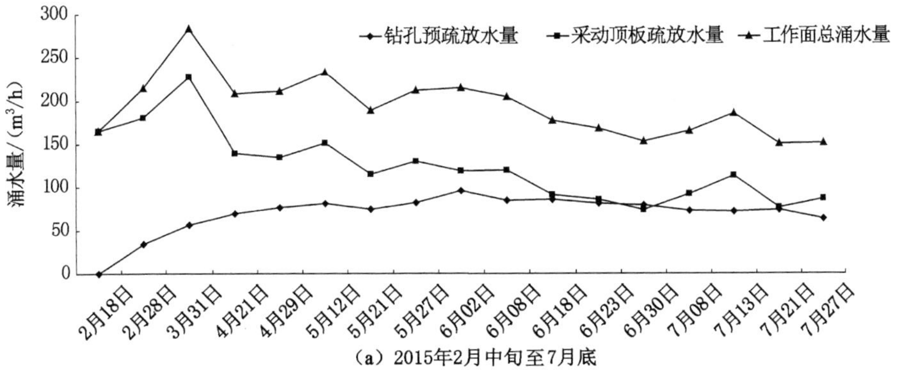

图 5-21 2015 年 112205 工作面涌水量变化趋势图

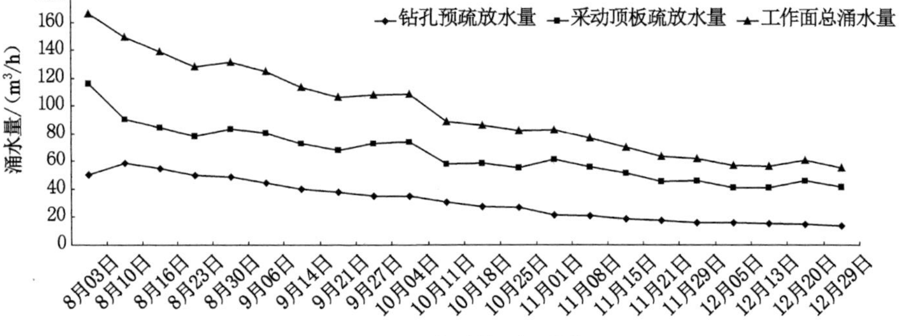

(b) 2015年8月初至12月底

图 5-21(续)

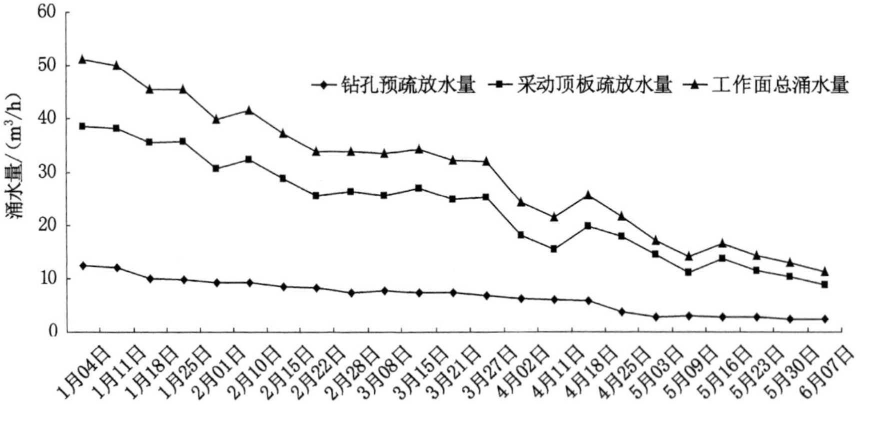

图 5-22　2016 年前 6 个月 112205 工作面涌水量变化趋势图

根据 112205 工作面顶板水开采情况，开采效果总体反映为以下特点：

(1) 工作面顶板本身存在富水性差异，这种差异在工作面走向方向呈条带状分布：钻孔涌水量最大的 4# 钻场(36.9 m^3/h)与 10# 钻场(13.3 m^3/h)，以及 10# 钻场与 17# 钻场(18 m^3/h)之间的间距分别为 600 m 和 700 m。其中 4# 钻场向里的 2#、3# 钻场和向外的 5# 钻场最大涌水量均超过了 10 m^3/h。

(2) 富水区之间存在差异：在 21 个钻场中，3 个主要涌水钻场 4# 钻场、10# 钻场、17# 钻场最大涌水量分别为 36.9 m^3/h、13.3 m^3/h、18 m^3/h，最大与最小涌水量差别达近 3 倍。在其余一些较为富水的钻场，如 3# 钻场、5# 钻场、15# 钻

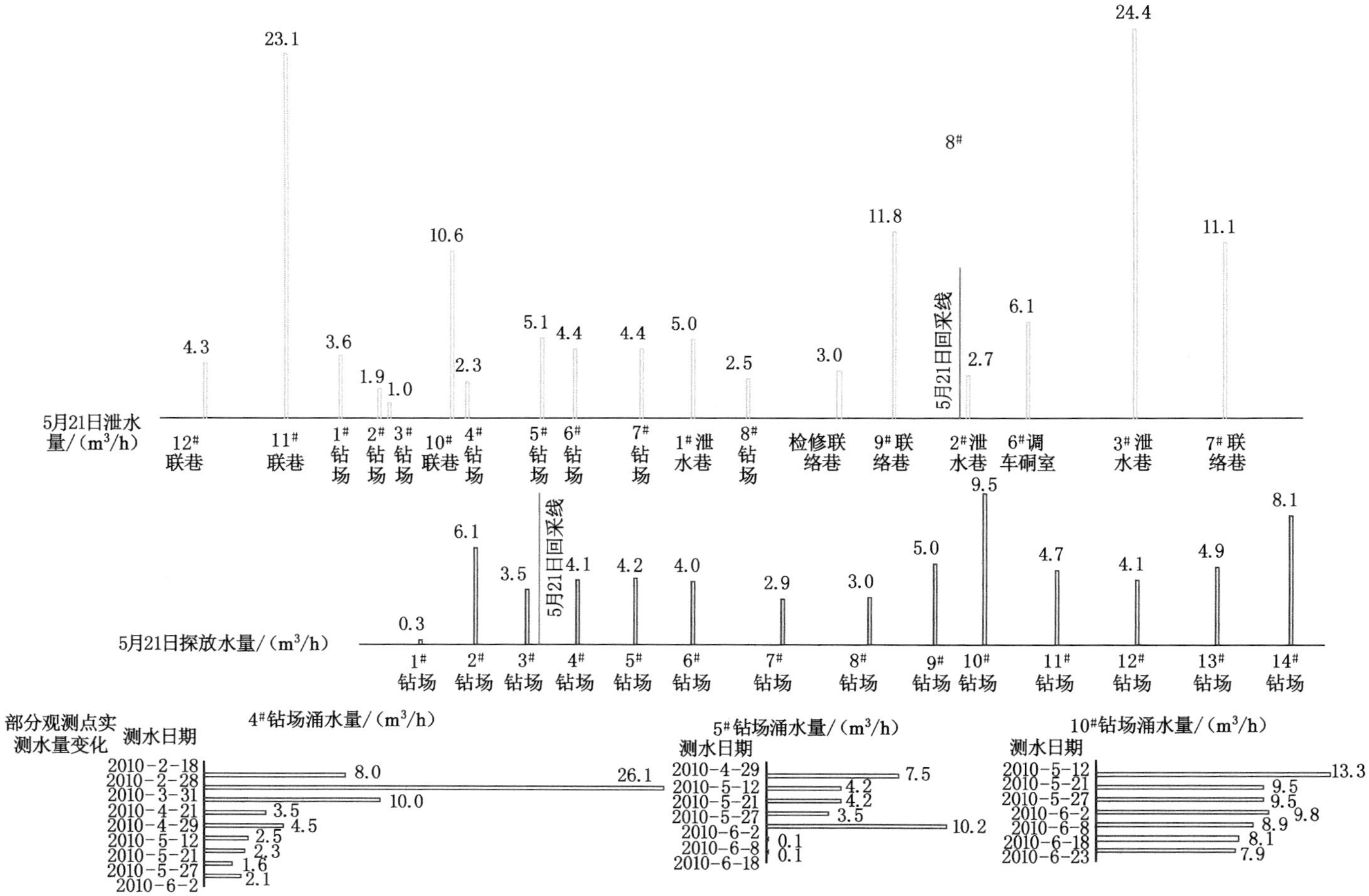

图5-23 112205工作面顶板水开采与采后涌水情况

场，钻孔的最大涌水量也存在不同程度的差异。最大涌水钻孔周围的水量从中间的高点向两边呈减小的趋势，但存在局部的起伏，推测在大的富水区周围，存在一些小的、次级的富水区，但分布规律不明显。

(3) 直罗组砂岩在工作面走向上分布呈条带性：对 112205 工作面内及周围共 11 个地质勘探孔，特别是工作面内部 M1401、M1302、M1203、M1103、M1003、M903、M802 钻孔进行分析，煤层顶板直罗组粗粒砂岩在工作面中部的 M1203 钻孔附近最厚，达到 60.42 m，向切眼方向变薄至 49.3 m，中间 M1302 钻孔附近其厚度仅 27.78 m；M1203 钻孔向终采线附近其厚度基本稳定在 34 m。结合下部的 112208 工作面顶板岩性分析，发现直罗组砂岩在工作面中部的 M1203 钻孔—M1303 钻孔一线最厚，厚度超过 60 m，向两边逐渐变薄，其中向切眼方向基本稳定在 49 m，向终采线附近厚度减小至 30 m 左右。向终采线方向的中间 M903 钻孔—M904 钻孔勘探线，厚度略有增加。因此两个工作面顶板粗粒砂岩厚度呈“平—高峰—谷—峰—平”的形态分布。

(4) 直罗组砂岩在纵向向深部厚度增大，但存在诸多变薄与变厚的局部异常点，特别是 112208 工作面靠近终采线位置，M803 钻孔的揭露厚度只有 20.67 m，较浅部同一地质勘探线的 M802 钻孔揭露厚度(34.24 m)小了 14 m。在 112205 工作面开采钻孔中，在切眼附近无确切的观测数据，在靠近终采线附近的钻场水量普遍偏小，但钻场涌水量与砂岩厚度变薄之间的对应关系还无法确定，小的钻孔涌水量还有可能受开采、井筒工程等其他因素的影响。

(5) 最大涌水不仅与原始状态有关，还与工作面开采有关，特别是工作面回采接近钻场时影响较大。如 3# 钻场，在 4 月 21 日成孔时初始涌水量为 12.2 m^3/h，在 4 月 29 日回采接近钻场(相距约 20 m)时，涌水量增大至 19.8 m^3/h，随后又迅速衰减；同样对涌水量最大的 4# 钻场，4 月 21 日成孔时初始涌水量仅 3.3 m^3/h，在 5 月 12 日回采线距离钻场 62 m 时涌水量猛增至 36.9 m^3/h。顶板水开采量的影响因素不仅包括采后顶板的垮落，还包括水位降落漏斗或其他因素。

(6) 采后出水产生的降落漏斗影响范围可能超过 60 m 甚至更大，但放水孔水量的增大还可能与其他因素有关，特别是 2# 钻场与 4# 钻场，涌水量明显是周围钻孔涌水量的 3～4 倍，更远处的 17# 钻场最大涌水量为 18 m^3/h，但该钻场周围放水孔涌水量较小，最大不超过 10 m^3/h。

(7) 最大涌水量发生的时间一般在钻孔初始形成时。这一特征在距离回采线比较远的 7# 钻场以后特别明显。在 7# 钻场以前，有的钻场的涌水量在初始成孔时小，随回采的接近又迅速增大。

(8) 钻场涌水量的衰减是一个逐步缓慢的过程，除 7# 钻场以前受回采的影响外，其余钻场的涌水量变化不存在突变的现象。

(10) 从各钻场施工情况看，顶板直罗组粗粒砂岩的富水性存在很大的不均一性：1# 钻场最大涌水量仅 0.4 m^3/h，而 4# 钻场在 5 月 12 日最大涌水量达到36.9 m^3/h，其余大多数钻孔的最大涌水量约在 10 m^3/h 内。从各钻孔涌水的时间上看，一般情况下，在成孔时涌水量最大，随着时间的推移，含水层水被逐步开采，孔内水量逐步减小。但在接近回采线时，涌水量又突然增大，如 5# 钻场在 5 月 27 日涌水量为 3.5 m^3/h，在 6 月 2 日涌水量达到 10.2 m^3/h，随后又迅速减小，在 6 月 8 日涌水量仅为 0.1 m^3/h。

第6章 宁东生态脆弱矿区矿井水污染处理与防控

6.1 宁东典型生态脆弱矿井水质测试分析

6.1.1 矿井水的来源与分类

根据统计资料，宁东矿区矿井水主要是因巷道揭露以及采空区塌陷波及水源所致，其主要水源来自大气降水、地表水、断层水、含水层水及采空区水。

（1）大气降水

大气降水除蒸发外均以地表径流的形式随河流运移，其中有部分降水通过岩石的裂隙和孔隙渗入地下或者直接流入矿井中去。大气降水与很多因素有关，对矿井水的影响也各不相同，这与开采深度、区域环境和季节等因素密切相关。

（2）地表水

地表水体，如湖泊、水库、河流等，可能直接分布于矿井之上或者位于矿井附近。这些水体可通过裂隙、孔隙以及岩溶等形式直接或间接地进入矿井中，使得矿井涌水量大幅增加。

（3）断层水

矿井涌水量往往与区域地质构造密切相关，断层破碎带可以联系地下各含水层，成为地下水的聚集区和流通通道，并且与地表水体保持着密切的水力联系。煤矿开采过程中，巷道的揭露和采掘活动破坏了原来围岩的隔水性能，进而造成断层带的水大量涌入井下。断层水对矿井生产的影响较大，对煤矿开采造成巨大威胁。

（4）含水层水

大多数情况下，大气降水和地表水先是进入补水层，然后才会流入矿井中去。含水层水是矿井水主要来源之一。进入矿井的这部分水主要包括动储量水和静储量水。

（5）采空区水

煤矿开采形成的采空区以及废弃巷道内存储的大量地下水，通常称为采空区水。一旦巷道揭露或巷道与老窑之间的煤(岩)柱强度不足以支撑它的静压时，这些矿井水就会像水库溃坝一样，造成矿井透水事故。

矿井水根据其物理化学性质，一般可分为 4 种类型，即洁净矿井水、含悬浮物矿井水、高矿化度矿井水、酸性矿井水。

(1) 洁净矿井水

这类矿井水主要是指砂岩裂隙水、奥灰水、老窑积水及第四纪冲积层水等。这类矿井水 pH 值在 7 左右，其中有毒、有害离子浓度均在生活饮用水标准值范围内，浊度较低，甚至一些地区的这类矿井水还富含多种有益微量元素，水质普遍较好。洁净矿井水可由井下专门管道排出，经过消毒等处理后即可作为日常生活用水使用。

(2) 含悬浮物矿井水

悬浮物含量较高主要因为是矿井水在煤矿开采过程中带入了大量的岩粉和煤尘，这类矿井水除细菌和悬浮物外，其他各项指标均能达到我国生活饮用水的卫生标准。

(3) 高矿化度矿井水

溶解性总固体高于 1 000 mg/L 的矿井水称为高矿化度矿井水，该类矿井水中还含有大量的细菌及悬浮物，感观性状指标也不能达到要求。一般来说，这类矿井水矿化度在 1 000～3 000 mg/L，有些地区矿井水的矿化度甚至能达到 5 000 mg/L。

造成这种情况的原因是，区域煤系地层中碳酸盐类及硫酸盐类岩层较多，地下水与这些岩层接触后，水中矿物质含量大幅上升，高矿化度矿井水的 pH 值一般显中性，因这类矿井水的溶解性总固体较高，致使其硬度也较高，水有苦涩味，俗称苦咸水。

(4) 酸性矿井水

一般将 pH 值低于 6.0 的矿井水称为酸性矿井水，这类矿井水 pH 值大多介于 2～4 之间。酸性矿井水主要源于硫铁矿，经一系列的化学氧化，特别是生物催化氧化作用后生成了硫酸，而当煤系矿物中碱性物质不足以中和矿井水中的酸性时，即形成酸性矿井水。酸性矿井水中含 Fe^{3+}、Mn^{2+}、Fe^{2+} 及其他金属离子等，一般这类水的矿化度和硬度也因酸的溶解作用而居高不下。这类矿井水可采用化学中和法进行处理。

6.1.2 矿井水水质监测

(1) 矿井水取样方案设计

为了对宁东干旱半干旱矿区矿井水量、水质进行分析研究，选取宁东矿区枣泉煤矿 112208 工作面作为取样地点。水样用 1 000 mL 塑料桶盛装，采样前首先用 3%的硝酸浸泡塑料桶，采样时先用水样清洗两遍塑料桶然后收集样品。取样方案如表 6-1 所列。

表 6-1　宁东矿区枣泉煤矿矿井水取样方案

矿井	采样地点		取样量
枣泉煤矿	井下	含水层	1 000 mL
		井下用水	
		掘进工作面水	
		工作面水	
		采空区水	
		水仓水	
		巷道积水	

(2) 矿井水水质测试

采用等离子体发射光谱仪(ICP)、PHS-3E 型 pH 计、7230G 型可见分光光度计、LH-BOD601 生物化学需氧量测定仪等仪器对样品水质、pH 值、硬度、矿化度进行检测。检测项目如表 6-2 所列。

表 6-2　宁东矿区枣泉煤矿矿井水检测项目

项目	分析方法	方法来源	方法检出限/(mg/L)	检测分析仪器
pH 值	玻璃电极法	GB/T 6920—1986	0.1	PHS-3E 型 pH 计
色度	稀释倍数法	GB 11903—1989	—	—
氨氮	纳氏试剂分光光度法	HJ 535—2009	0.025	7230G 型可见分光光度计
五日生化需氧量	稀释与接种法	HJ 505—2009	1	LH-BOD601 生物化学需氧量测定仪
悬浮物	重量法	GB 11901—1989		
化学需氧量	重铬酸盐法	HJ 828—2017	5	5B-3C(V8)COD 快速测定仪
石油类和动植物油类	红外分光光度法	HJ 637—2018		
阴离子表面活性剂	亚甲蓝分光光度法	GB 7494—1987		

表 6-2(续)

项目	分析方法	方法来源	方法检出限/(mg/L)	检测分析仪器
总磷	钼酸铵分光光度法	GB 11893—1989	0.01	7230G 型可见分光光度计
总氮	碱性过硫酸钾消解紫外分光光度法	HJ 656—2013		

采用上述仪器和方法对采集的矿井水进行测试，并将测试结果与《生活饮用水卫生标准》(GB 5749—2006)对比，采用等离子体发射光谱仪(ICP)、PHS-3E 型 pH 计、7230G 型可见分光光度计、LH-BOD601 生物化学需氧量测定仪等仪器对枣泉煤矿矿井水水质分析化验结果如表 6-3 所列。

表 6-3 枣泉煤矿矿井水水质分析化验结果

检测项目	单位	含水层	井下用水	掘进头水	工作面水	水仓水	巷道积水
pH 值		8.02	7.42	7.95	7.98	8.04	8.24
色度	度	14	13	14	12	12	13
悬浮物	mg/L	5	4	5	6	7	5
化学需氧量	mg/L	32.5	30.25	34.6	38.5	36.48	39.6
五日生化需氧量	mg/L	8	9	8.5	7.98	8.68	8.25
石油类	mg/L	0.48	0.556	0.65	0.45	0.58	0.66
动植物油	mg/L	0.54	0.36	0.42	0.45	0.35	0.41
阴离子表面活性剂	mg/L	0.42	0.35	0.38	0.42	0.48	0.398
氨氮	mg/L	1.65	1.72	1.89	2.01	2.35	1.67
总氮	mg/L	0. 865	0.985	0.648	0.758	0.667	0.822
总磷	mg/L	0.542	0.654	0.687	0.649	0.546	0.687
矿化度	g/L	0.3～0.8	2.0～3.8	2.15	1.47	2.45	1.35
硬度	mg/L	648.59	321.26	361.29	259.45	469.85	489.25
$K^{+}+Na^{+}$	mg/L	118.13	112.3	110.32	100.32	98.52	111.65
Ca^{2+}	mg/L	14.33	15.32	11.23	12.23	14.33	13.23
Mg^{2+}	mg/L	19.58	18.23	18	18.96	17.56	16.87
HCO_3^-	mg/L	202.11	198.56	200.32	199	205.32	201.3

表 6-3(续)

检测项目	单位	含水层	井下用水	掘进头水	工作面水	水仓水	巷道积水
SO_4^{2-}	mg/L	31.25	31.2	30.89	30.45	29.86	28.59
Fe^{2+}	mg/L	0.00	0.00	0.00	0.00	0.00	00.00
水化学类型		CL · SO_4-Na · Mg	CL · SO_4-Na · Mg	SO_4 · CL-Na	CL · SO_4-Na · Mg	CL · SO_4-Na · Mg	CL · SO_4-Na · Mg
矿井水分类		含悬浮物矿井水	含悬浮物、高矿化度矿井水	含悬浮物、高矿化度矿井水	含悬浮物、高矿化度矿井水	含悬浮物、高矿化度矿井水	含悬浮物、高矿化度矿井水

由表 6-3 可知,不同来源矿井水的 pH 值均偏碱性,硬度较高,水中含有多种重金属阳离子,其中最主要的是 Na^+ 和 Mg^{2+},主要的阴离子为 Cl^- 和 SO_4^{2-}。除含水层水是含悬浮物矿井水外,其余来源的水均为含悬浮物、高矿化度矿井水,其中含有大量煤尘或岩屑颗粒。含水层水的矿化度及悬浮物浓度均较低,水质较好,适当处理后可有效利用。不同来源矿井水的水质特征既有共性,又有差异,设计矿井水处理流程时,应充分考虑这些特征。

6.2 矿井水分源采集及处理技术与工艺

6.2.1 矿井水分源采集

目前,在我国煤炭采出量中,95%以上以井工开采为主,在煤炭开采过程中将涌出大量的矿井水,受资金、技术和管理理念的限制,我国矿井水的利用率相对较低,平均仅为 22%。水资源作为一种宝贵的基础资源,有力地支撑了国民经济和社会长期平稳较快发展。矿井水也是一种水资源,大量的矿井水被直接外排,不仅造成水资源的浪费,而且还对周围的环境造成污染。因此,在矿井水害治理的基础上,必须强化对矿井水的管理,使矿井水资源得到有效、充分的利用,才能彻底改变当前这种局面。枣泉煤矿作为一个现代化、数字化、智能化的矿井,在矿井水管理和利用方面探索出了一条科学、合理的路子。

6.2.1.1 *矿井水分源采集系统(图 6-1)*

采集自采空区的水首先进行水质测试,达标水暂时储存于工作面清水仓,用于设备冷却及降尘,未达标水输送到井底水仓,提升至地面进行处理;采集自顶板及断层、水质较好的矿井水,暂时储存于工作面清水仓,主要用于采煤工作面、掘进工作面设备的冷却及降尘；采煤机、转载机、刮板输送机等设备冷却，采煤工作面、掘进工作面降尘产生的污水，输送到井底水仓，提升至地面进行处理。

在矿区地面建立降水收集池，降水经处理后用于干旱时期生产生活用水。来自井底水仓的矿井污水，经地面矿井污水处理厂分质净化处理后，可作为地面消防、植被绿化、道路洒水等矿区周边生活用水，也可作为选煤厂、发电厂、水泥厂、砖厂等矿区周边企业生产用水。生活污水首先汇集于生活污水池，后经地面生活污水处理厂分质净化处理；生产污水首先汇集于生产污水池，后经地面矿井污水处理厂分质净化处理。

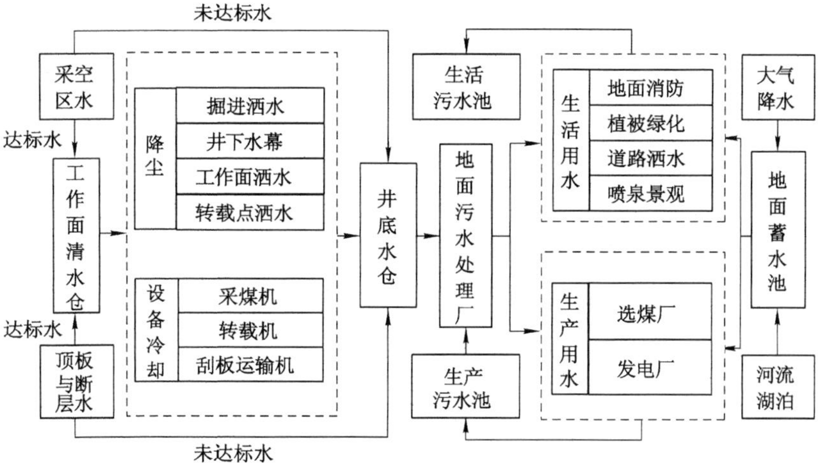

图 6-1　矿井水分源采集系统

6.2.1.2　*矿井水井下采集*

(1) 工作面水文地质概况

112208 工作面所处位置区域地貌属于低山丘陵区，并多为沙丘覆盖。工作面北部为碎石井沟，距离其现代河床约 680 m。南临枣泉煤矿西翼采区井筒，东侧为Ⅰ号火区烧变岩含水体，西侧为波状沙丘，地表地势呈南高北低之势。地面高程为＋1 311.5～＋1 338.5 m。工作面距地表垂深最深部在 112208 工作面辅助巷最南端，垂深约 313 m；最浅部在 112208 工作面回风巷 1 080 m 附近，垂深约 138 m。工作面布置如图 6-2 所示。

枣泉煤矿地面主排水沟横穿工作面 1 171 m 附近位置地表。在位于工作面切眼以北约 680 m 为碎石井沟，只有在雨季降雨或暴雨过后才有流水，推断Ⅰ号火区与碎石井沟具有补给关系。工作面其他所在区域地表内无流水积聚，或为干涸的小沟。

在 112208 工作面区域内，影响 112208 工作面的主要含水层有侏罗系中统延安组烧变岩裂隙孔隙层间承压水体（第Ⅱ含水层）、侏罗系中统直罗组砂岩含水层（第Ⅲ含水层）和侏罗系中统延安组砂岩含水层（第Ⅳ含水层）。

（2）顶板水采集

① 回风巷采水方案。112208 回风巷共设计 47 个采水钻孔，其中 660～900 m 施工 1# ～7# 钻孔，1600～2 800 m 施工 8# ～35# 钻孔。为了 112208 工作面的安全回采，需集中对 112208 胶带巷切眼以南 600 m 范围内工作面顶板加快顶板水采集工作。

采水钻孔初始流量统计一如表 6-4 所列。10#、12#、13#、14#、15#、17# 钻孔通过 ϕ133 mm 自流排水管排至回风巷迎头水仓，前期水量大于 100 m^3/h；22# ～35# 孔通过 ϕ133 mm 自流排水管排至回风巷巷口水仓，总流量为 80 m^3/h 左右。

表 6-4 采水钻孔初始流量统计一

钻孔号	流量/(m^3/h)	钻孔号	流量/(m^3/h)	钻孔号	流量/(m^3/h)
8#	11.3	9#	15.1	11#	17.7
16#	43.8	18#	31.3	19#	42.5
20#	18.8	21#	21.3	—	—

② 胶带巷采水方案。112208 胶带巷共设计 64 个采水钻孔，其中 2 400 m 至切眼下口施工 1# ～16# 钻孔，其余钻孔沿巷道走向方向向北施工。

采水钻孔初始流量统计二如表 6-5 所列。1# ～3# 钻孔施工时流量均为 12 m^3/h 左右；5# ～7# 钻孔初始总流量为 38.7 m^3/h；20# ～22# 钻孔施工时水量大，均为 70 m^3/h 左右。

表 6-5 采水钻孔初始流量统计二

钻孔号	流量/(m^3/h)	钻孔号	流量/(m^3/h)	钻孔号	流量/(m^3/h)
4#	11	8#	7	9#	18.7
10#	11.1	11#	13	12#	13.4
13#	14	14#	12	15#	11.3
16#	12.7	17#	14	18#	9.2
19#	3.5	—	—	—	—

③ 定向钻孔采水方案。112208 工作面共布置 2 个钻场 4 个主钻孔 8 个分支钻孔（见表 6-6）。其中，在 112208 回风巷 2 335 m 处布置 1 个钻场 2 个主钻

孔 4 个分支钻孔，在 112208 胶带巷 2 308 m 处布置 1 个钻场 2 个主钻孔 4 个分支钻孔，设计工程总量为 2 514 m。

表 6-6　112208 工作面定向采水钻孔工程参数设计

钻场	钻孔号	开孔参数/(°)		分支点/m	累计孔深/m	工程量/m	封孔长度/m	终孔层位
		方位角	倾角					
1# 钻场	1#	318.5	3		582	582	30	侏罗系中统直罗组砂岩含水层(Ⅲ)
	1-1#			402	489	87		
	1-2#			180	342	162		
	2#	334.1	1		492	492	30	
合计/m						1 356	60	
2# 钻场	1#	14.9	21		603	603	30	侏罗系中统直罗组砂岩含水层(Ⅲ)
	1-1#			276	360	84		
	1-2#			480	564	84		
	2#	5.1	21		387	387	30	
合计/m						1 158	60	
总计/m						2 514	120	

回风巷 1# 钻场定向钻孔：1# 主钻孔孔深为 582 m；1-1# 分支钻孔在 402 m 处开分支，进尺 87 m，孔深为 489 m；1-2# 分支钻孔在 180 m 处开分支，进尺 162 m，孔深为 342 m。2# 主钻孔孔深为 492 m，施钻过程中因砂岩太硬而无法施工分支钻孔。

胶带巷 2# 钻场定向钻孔：1# 主钻孔孔深为 603 m；1-1# 分支钻孔在 276 m 处开分支，进尺 84 m，孔深为 360 m；1-2# 分支钻孔在 480 m 处开分支，进尺 84 m，孔深为 564 m。2# 主钻孔孔深为 387 m，施工时以 18 m^3/h 注水后无返水，疑是与 1# 主钻孔导通，故未施工分支孔。

112208 回风巷定向钻孔共计施工 1 356 m，112208 胶带巷定向钻孔共计施工 1 158 m，112208 工作面共计施工 2 514 m。

6.2.2　矿井水处理技术与工艺

枣泉煤矿矿井水自动化处理系统处理装置包括预沉降调节池、高密沉淀池、V 形滤池、地下泵坑、滤后水池、滤池反洗水池、污泥储池、反洗水集水池、加药系统等。枣泉煤矿高矿化度矿井水处理工艺流程图如图 6-2 所示。

矿井废水经井下水泵房抽至调节池进行初步沉淀后自流进入枣泉煤矿污

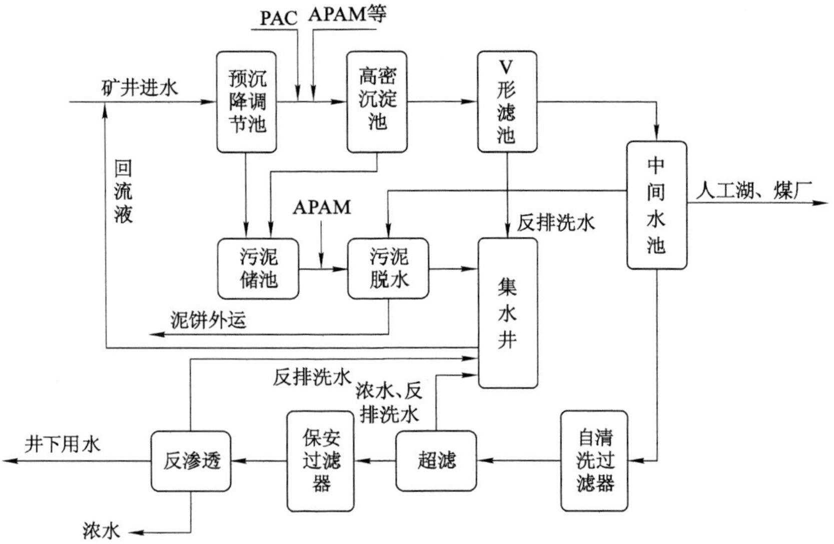

图 6-2　枣泉煤矿高矿化度矿井水处理工艺流程图

水处理厂预沉降调节池，矿井废水在预沉降调节池进行停留沉淀后经过提升泵进入高密沉淀池，在高密沉淀池中加入聚合氯化铝（PAC）、阴离子聚丙烯酰胺（APAM）、NaOH 药剂进行混凝沉淀后实现泥水分离，自流至 V 形滤池进一步过滤，过滤后的清水达到城镇污水处理厂污染物排放标准一级 A 标准时可达标排放或进入原系统中间水池供深度处理系统使用。

6.2.2.1　*矿井水处理原则*

对于不同性质的矿井水，为使其资源化，可遵循“清污分流、分质处理、梯级利用”的原则，采用不同的处理方式进行处理。

① 处理酸性和碱性矿井水一般采用中和法，并且由于酸性水水质一般比较复杂，若将其处理成生活用水，吨水处理成本相当高。因此，经过处理后一般会作为对水质要求比较低的工业用水或者处理达标后外排作他用。酸性矿井水处理方法主要是中和法，包括石灰中和法、石灰石中和法以及石灰石-石灰联合中和法。处理碱性矿井水经常采用的方法是利用废酸或者烟气道烟气进行中和处理。经处理后的矿井水可作为农业和工业用水。

② 根据悬浮物的特性，对含悬浮物矿井水目前多采用混凝沉淀法。常用的混凝剂为铝盐和铁盐混凝剂，原水加混凝剂后，经过混合作用，水中胶体杂质凝聚成较大的矾花颗粒，在沉淀池中去除。

③ 高矿化度矿井水中悬浮物粒度差异大，密度小、沉降速度慢，且含量较不稳定。矿井水中 Na^{+}、Ca^{2+} 等碱金属离子超标，处理这种矿井水，必须采用以去除悬浮物为目的的净化处理技术和以脱盐为目的的深度处理技术才可以解决煤矿生产和生活缺水的问题。常用的处理技术有离子交换、蒸馏、电吸附、电渗析和反渗透等技术。

6.2.2.2 矿井水自动化处理系统

枣泉煤矿实施矿井水精细化管理系统，通过全方位、全过程控制，加强矿井水利用和控制，杜绝浪费，实现矿井水的控制、分析、考核一体化。该矿还研制出一套矿井水自动化处理系统。该系统充分考虑了先进性和实用性，具有良好的人机界面，与管理人员交互简单、明了，同时适合矿管理人员的操作习惯，为管理层提供个性化的图表。

枣泉煤矿矿井水自动化处理系统设计处理能力 10 800 m^3/d，包含高密进水泵系统、高密池系统、快滤池系统、加药系统、滤后水池排放系统等。高密池为预处理设备，以保证后续系统的正常运行；快滤池系统用来保障出水的水质指标。该系统设置二套高密池预处理系统，处理水量为 450 m^3/h，一用一备；设置三套快滤池处理系统，二用一备，系统采用 PLC 程序控制，自动监控，实现无人值守，其中超滤装置和反渗透装置如图 6-3 和图 6-4 所示。

图 6-3 超滤装置

(1) 高密池系统

① 高密池系统的工作原理。

高密池系统用于将来水的 pH 值调节值到 7.5～8.5(聚铁絮凝反应的最佳区间)，再在前混池加 15×10^{-6}～30×10^{-6} 的聚铁与水中的悬浮物充分混合产生絮凝反应，生成细小的矾花，再在絮凝反应桶内加 3×10^{-6}～5×10^{-6} 的助凝

图 6-4　反渗透装置

剂与矾花反应而生成大的矾花，然后经倒流堰进入沉淀池，通过上部的斜管进一步沉淀分离，产水经集水槽流入产水沟内，不合格水可经超越管排至外排水池。在出口设有加盐酸口，用于调节出水 pH 值在 6.5～7.5 之间，满足后续超滤系统或外排用水对 pH 值的要求。沉淀下来的污泥通过刮泥机向沉淀池中心集中，正常运行时通过污泥循环泵送到前混池内以提高污泥浓度，增强絮凝反应效果，更好地捕集原水中的悬浮物。

② 高密池系统组成。

高密池系统包括高密进水泵、高密池（包括前混搅拌机、絮凝搅拌机、刮泥机）、污泥循环泵、污泥排放泵、泵坑潜水排污泵以及必需的管道、阀门、仪表、不锈钢仪表、仪表阀及其安装附件等。

③ 高密池系统的水质。

进水浊度小于 1 000 NTU，出水浊度小于 10 NTU。

④ 高密池系统的控制。

该系统设置 2 套装置，单套装置出力 225 m^3/h。每台高密池由前混池、絮凝反应池、沉淀池、斜管、4 处取样阀门及内部安装的全部部件和紧固件组成。高密池配有冲洗水管 2 处，按运行工况，每 3 个月冲洗 1 次斜管及各池的污物。

(2) 快滤池系统

① 快滤池工作原理。

快滤池是根据机械过滤的原理，采用石英砂滤料层（层高 1 m）过滤介质，高效去除水中的悬浮物、有机物、胶体、细菌等。在滤层失去截污能力后可以通过水气反洗滤料恢复其过滤能力，具有低成本、操作维护及管理方便等特点。

② 快滤池系统的水质与工艺指标。

进水浊度小于 10 NTU，出水浊度小于 2 NTU；设计滤速为 9.25 m/h，滤料厚度为 1 m，水反洗强度为 9 L/m^2，气擦洗强度为 16 L/m^2。

③ 快滤池滤料。

快滤池滤料选用粒度为 0.5～1.5 的均粒石英砂，装填高度为 1 m。系统在反洗过程中破碎颗粒随反洗水流冲出快滤池，导致滤料有一定的损耗，因此每年应在检修时按 10%～20%或实际减少量对其进行补充。

④ 快滤池的控制。

该系统设置 3 套快滤池，2 用 1 备，单套装置出力 225 m^3/h。每台快滤池由池体、石英砂滤料、取样阀门及内部安装的全部部件和紧固件组成。快滤池配有气、水反冲洗系统。快滤池反洗用水通过快滤池反洗水泵提供，反洗用气来自反洗罗茨风机。快滤池的反洗次数应根据快滤池的进出口水质及过滤水位高度来综合判断，每 6～8 h 反洗 1 次。

快滤池使用失效以产水浊度大于 2，或者过滤水位高度升高，达到集水槽下沿为准，不能超过下沿，不然污堵严重，增加气洗难度和水反洗水量。因为风机压力有限，气洗时可能憋死风机，反洗水集水池容量也有限，反洗时水没有变清。集水池满水就需停下来，需要等待水池排空才能再次水反洗。

(3) 加药系统

① 碱加药系统。

碱加药系统包含 2 座碱溶解池、2 台碱加药计量泵、2 台超声波液位计，以及必需的管道、阀门、电控柜、仪表、安装附件等。碱溶解池配置浓度为 5%，配置时先开手动进水阀，加少于配置容积 500 L 的水，启动搅拌机，再投入计算好的片碱，搅拌 10 min 充分溶解，再开进水阀补充到要求配置的容积，以超声波液位计高度折算成增加的高度，再搅拌 10 min 完成配置备用。

以测量的高密池进水 pH 值(小于 7.5)控制水的 pH 值在聚合硫酸铁絮凝反应最佳 pH 值范围(7.5～8.5)为目标，检查打开加药泵进出口阀门，启动碱加药计量泵并调节频率达到目标。

② 盐酸加药系统。

盐酸加药系统包含 2 台酸计量箱、2 台盐酸加药泵，以及必需的管道、阀门、电控柜、磁翻板液位计、仪表、安装附件等。

a. 外购盐酸浓度为 31%，不需配置；

b. 当高密池产水的 pH 值大于 7.5 时，检查、打开加药泵进出口阀门，启动盐酸加药泵并调节频率达到产水 pH 值在 6.5～7.5 之间，满足超滤系统或外排水池外排的要求。

③ 混凝剂加药系统

混凝剂加药系统包含 2 台计量箱、2 台混凝剂加药泵、2 台磁翻板液位计，以及必需的管道、阀门、电控柜、仪表、安装附件等。

a. 混凝剂采用聚合硫酸铁(PFS)，配置浓度为 5%，以计量箱上的刻度，每 100 L 加 1 袋 25 kg 有效铁含量为 21%的聚合硫酸铁，配置时先打开进水电磁阀(手动阀常开)，加少于配置容积 500 L 的水，启动搅拌机，再投入计算好的聚合硫酸铁粉状物，搅拌 10 min 充分溶解，再打开进水电磁阀补充到要求配置的容积，再搅拌 10 min 完成配置备用。如选用 10%的桶装聚合硫酸铁，只需加入计量箱搅拌 5 min 即可，混凝剂加药泵的频率减半。

b. 以高密池进水流量调节加药泵行程、频率，检查、打开加药泵进出口阀门，启动混凝剂加药泵，控制 PFS 加药量在 15×10^{-6}～30×10^{-6}之间，保证絮凝反应池内的絮凝效果。一般水太清时需加大 PFS 药量。

④ APAM 加药系统

APAM 加药系统包含 1 台三箱式一体化加药装置、4 台 APAM 加药泵，以及必需的管道、阀门、电控柜、磁翻板液位计、仪表、安装附件等。

a. APAM(又称阴离子型聚丙烯酰胺，助凝剂)配置浓度在 0.15%～0.3%之间，进水压力大于 0.5 MPa，进水流量调节在 10 m^3/h，下料机下料量为 15 kg/h。如水压流量不够需手动配置，将下料器间断开启，保证不出现因药液浓度太大而导致的结团堵管现象。

b. 以高密池进水流量调节加药泵行程、频率，检查、打开加药泵进出口阀门，启动 APAM 加药泵，控制 APAM 加药量在 3×10^{-6}～5×10^{-6}之间，保证絮凝反应池内的絮凝效果。

(4) 滤后水池排放系统

滤后水池排放系统包含 2 台滤后水池提升泵、1 座滤后水池、1 台超声波液位计，以及必需的管道、阀门、电控柜、仪表、安装附件等。

滤后水池提升泵出口分二路，一路直排至外排水池供外排厂外排，一路直排至原有系统之中间水池供超滤系统用，按要求分别排放。液位控制设 1.8 m 时启动第一台滤后水池提升泵，2.1 m 时启动第二台滤后水池提升泵，液位降到 0.8 m 时两台滤后水池提升泵均停止运行，溢流到反洗水集水池水位 2.7 m，2.5 m 设报警提示。如有快滤池反洗时退出自动程序，待液位大于 1.8 m 时启动第一台快滤池反洗水泵反洗，反洗结束后恢复液位自动程序。

(5) 反洗水集水池系统

反洗水集水池系统包含2台反洗水外排泵、1座反洗水集水池、1台超声波液位计,以及必须的管道、阀门、电控柜、仪表、安装附件等。

反洗水集水池外排泵出口直排原系统预沉调节池。液位控制设0.3 m时启动二台滤后水池外排泵,达到0 m时停止,高位2 m设报警信号,提示启动反洗程序。反洗结束后反洗水泵暂停,待液位下降到一定液位后反洗水泵才能继续运行。

(6) 污泥储池系统

污泥储池系统包含2台污泥外排泵、1座污泥储池、2台潜水搅拌机、1台超声波液位计,以及必需的管道、阀门、电控柜、仪表、安装附件等。

污泥外排泵将脱水前的污泥直排至原系统污泥储池后进入脱水机脱水,排放时需与运行人员沟通。液位超过1.5 m启动2台潜水搅拌机,搅拌10 min混合充分后启动1台污泥外排泵进行外排,液位低于0.5 m时连锁自动停止。

6.2.2.3 污水处理巡检

巡视是水区操作人员日常工作中一项主要内容,是防止运行中异常情况发生、正确判断异常情况发生的原因和清除异常情况的有效手段。污水厂的操作人员必须认真遵循此制度,以保证污水处理工艺的正常运行。

① 沿巡视路线细心观察,勤看、勤听、勤嗅、勤摸、勤捞垃圾、勤巡,如实对所见情况进行记录。

② 巡视路线:污水路线:预沉调节池→集水池→集油池→高密沉淀池→V形滤池→中间水池→鼓风机房→投药区→贮药区→地下泵房;污泥处理路线:污泥浓缩池→污泥泵房→污泥脱水机房→滤液池。

③ 白天巡视时间为9:00、11:30、14:00、16:00各一次,夜间巡视时间为19:00、22:00、2:00、6:00各一次。

④ 巡视中若遇重大问题不能自行解决的,则必须尽快上报有关部门或领导,在征得有关部门或领导同意后方可离开现场,并将发生的情况进行详细记录。

⑤ 若遇异常情况,须跟踪观察,详细做好记录,并向下一班作交代,以免酿成重大事故。

⑥ 做记录时,要求真实、准确、清晰,并应保持记录本的整洁。

6.3 矿井水水质监测及地下水污染防控体系

宁东矿区多个煤矿已构建了矿井水水质监测及地下水污染防控体系,本节以枣泉煤矿为例,提出了干旱半干旱矿井开采导水裂隙带与水流场监测方案设计，建立了矿井水水质立体监测系统，形成了矿区地下水污染防控技术体系。

6.3.1 干旱半干旱矿井开采导水裂隙带与水流场监测

通过钻孔施工过程中对冲洗液消耗量的观测，确定导水裂隙带发育高度，钻探设计 2 个钻孔 ZT1、ZT2，作为 112208 工作面采前、采后一对对比钻孔。

6.3.1.1 钻探目的和任务

探测 2[#] 煤开采条件下导水裂隙带发育高度，为下部工作面开采时地表积水的威胁评价提供准确依据，也为今后工作面顶板涌水水源的分析和涌水量的预计提供依据。通过采前、采后钻孔冲洗液漏失量对比，研究覆岩导水裂隙带的发育高度；通过井下钻孔彩色电视系统直观确定煤层采后顶板导水裂隙带高度和裂隙发育情况。

6.3.1.2 钻探工程设计

(1) 钻孔位置

在枣泉煤矿 112208 工作面设计 2 个钻孔 ZT1、ZT2，回采前先施工钻孔 ZT1，采后稳定 60 d 左右，再在距钻孔 ZT1 10 m 左右施工钻孔 ZT2。钻孔 ZT1 的终孔位置进入煤层顶板，ZT2 的终孔位置进入导水裂隙带。

(2) 钻孔结构设计

钻孔孔径确定：钻孔的开孔孔径要满足在钻孔中的浅部松散覆盖层和基岩破碎带下入护壁管的要求。

开孔：护壁套管孔深根据现场确定，保证过松散层即可，套管外环状间隙用水泥浆固管。

孔径 150 mm 钻孔钻进至基岩，下入 ϕ127 mm 套管，要求穿过基岩风化带，进入新鲜、完整的基岩至少 5 m，终孔孔径为 91 mm。

(3) 钻孔止水

用水泥浆做永久性封闭止水，下套管止水后应扫孔、洗孔至水清，扫孔超过套管底口以下的深度不小于 200 mm，然后对止水效果进行检查(管内水位变化经过 8 h 不大于 40 mm 为止水合格)。止水检查必须经现场监理或技术人员验收同意，否则不得钻进。

6.3.1.3 冲洗液漏失量观测

(1) 观测项目及仪器

用钻孔冲洗液漏失量观测导水裂隙带发育高度的常规观测项目及相应的观测内容、观测仪器见表 6-7。

表 6-7　常规观测项目及相应的观测内容、观测仪器

观测项目	观测内容	观测仪器、工具	观测精度
冲洗液漏失量	水源箱内原有水量、钻进过程中加入水量、水源箱内剩余水量、测量时间、钻进的进尺数、孔深	浮标尺、秒表、测尺、钻杆	孔深误差＜0.15%； 浮标尺读数误差＜5 mm； 进尺读数误差＜10 mm； 水位深度误差＜100 mm
孔内水位	每次起钻后、下钻前钻孔水位，停钻期间孔内水位、观测时间	测绳、秒表、电测深仪	
冲洗液循环中断	冲洗液不能返回水源箱时的钻孔深度、时间。如采用加注水使冲洗液循环正常，则应记录注入的水量	钻杆、测尺、秒表	
异常现象	向钻孔内吸风或瓦斯涌出、掉钻、卡钻、钻具震动及相应的孔深	钻具、测尺	

(2) 观测系统

冲洗液漏失量观测系统示意图见图 6-5。要求水源箱、循环槽、沉淀池不得漏水；水源箱和沉淀池为容积不小于 1 m×1 m×1 m 的正方体；水源箱内安设浮标式水位测尺。

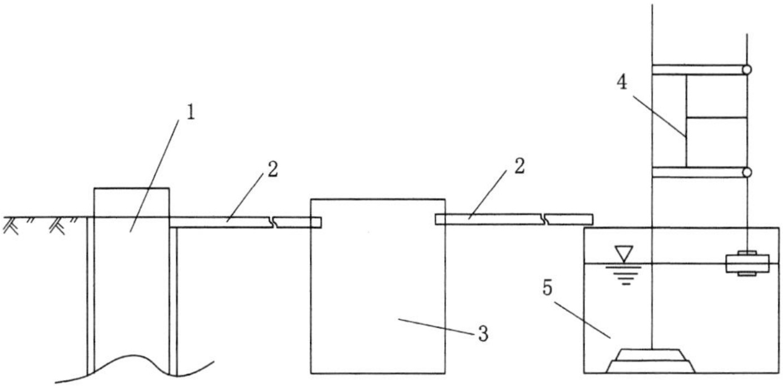

1—钻孔；2—循环槽；3—沉淀池；4—浮标式水位测尺；5—水源箱。

图 6-5　冲洗液漏失量观测系统示意图

(3) 观测方法

开钻后，当冲洗液形成循环时，测定一次水源箱的水位，并记录开钻时间、钻孔深度，每钻进 0.5 m 再测定和记录一次。当漏失量变大时，可缩短为每钻进 0.3 m 测定和记录一次。完成一个回次以后，再测定和记录一次，并用钢尺测出该回次的实际进尺量，将测定结果填入表中。

(4) 孔内水位观测

在观测段钻进时，每次起钻后、下钻前均测定钻孔水位。当停钻时间较长时，应每隔 5～10 min 观测一次水位。观测数据及时填入表中。

(5) 钻孔冲洗液循环中断状况的观测

当冲洗液循环中断时，及时记录孔深和时间并填入表中；当冲洗液恢复循环时，同样记录孔深和时间。

(6) 异常现象的观测

当钻进到裂隙带时，每次起钻后，如出现向钻孔内吸风或瓦斯涌出等现象时，应记录当时的钻孔深度。

(7) 观测数据处理

① 单位时间冲洗液漏量失按下式计算：

$$Q_t = \frac{Q_1 + Q_2 - Q_3}{t} \tag{6-1}$$

式中 Q_t——单位时间漏失量，L/s；

Q_1——水源箱内原有水量，L；

Q_2——钻进过程中加入水量，L；

Q_3——水源箱内剩余水量，L；

t——时间，s。

② 单位时间和单位进尺的冲洗液漏失量按下式计算：

$$Q_m = \frac{Q_t}{h} \tag{6-2}$$

式中 Q_m——单位时间和单位进尺漏失量，L/s；

h——进尺，m。

以上计算均以每个回次单独计算，其计算结果填入表中，并将冲洗液漏失量与钻孔深度关系曲线绘入表中。

(8) 水位观测资料的整理与计算

计算起钻后、下钻前的水位变化速度，填入相应表格中，并将钻孔水位与孔深关系曲线绘入相应成果表。

6.3.1.4 导水裂隙带顶点及高度的确定

导水裂隙带由裂隙带和垮落带两部分组成。

(1) 裂隙带顶点的确定

钻孔内裂隙带顶点根据以下 3 个方面的资料进行综合分析确定：

① 冲洗液漏失量显著增加，并且基本上呈现出随着钻孔深度增加而增加的趋势；或者冲洗液全部漏失，经堵漏后再向下钻进时仍然如此。一般情况下，钻

孔内裂隙带的顶点确定应采取对比方法，即通过与对比孔和本孔的正常段漏失量进行比较而确定。

② 钻孔水位显著降低，水位下降速度加快，有的甚至孔内无水。

③ 岩芯有纵向裂隙，钻孔有轻微吸风现象。

(2) 垮落带顶点的确定

钻孔内垮落带顶点应根据以下 4 个方面的资料进行综合分析确定：

① 掉钻次数频繁；

② 钻进速度时快时慢，有时发生卡钻及钻具震动加剧现象；

③ 钻孔有明显的吸风现象；

④ 岩芯破碎，采取率很低，有纵向裂隙和劈裂的岩芯增多，岩芯层理、倾角紊乱等。

(3) 导水裂隙带高度的确定

用钻孔所对应的开采煤层顶板的垂直深度减去导水裂隙带顶点所对应(采前)的垂直深度即可得出导水裂隙带的高度。

(4) 垮落带高度的确定

垮落带包括在导水裂隙带之内，其高度为钻孔所对应的开采煤层顶板的垂直深度减去垮落带顶点所对应(采前)的垂直深度。

6.3.1.5 钻孔彩色电视系统观测

钻孔彩色电视系统是将一自带光源的防水摄像探头放入地下钻孔中，从而现场对钻孔中地质体的各种特征及细微变化进行实时观测、监控和记录。钻孔彩色电视系统可用于观测地层岩性、岩石结构、活动性断层、钻孔内裂隙产状及发育情况、地层注浆后浆液充填情况、夹层破碎带、岩溶、暗河、堆积体、突发性涌水、地下水位变化等。

钻孔彩色电视用来观测煤层上覆岩层的完整性和原生裂隙的发育特征、受采动影响裂缝发育宽度和连通情况、岩体破碎状况和垮落岩块的分布情况，以及钻孔内部裂缝的渗水和孔内水位变化情况等，并结合钻孔冲洗液漏失量来观测采动岩层的裂隙发育、漏水及含水情况，可以为确定“两带”尤其是垮落带的发育高度提供依据。

全景面钻孔摄像系统采用反光锥镜摄取 360°孔壁图像，由计算机对图像进行采集处理，形成连续的全孔壁展开图像。孔壁图像的展开是按 N→E→S→W→N 顺序展开的，每一幅图像都从 N 开始展开，以保证图像方位的拼接。图像的纵向连接是按深度顺序拼接的，拼接精度为毫米，整个孔壁图像一目了然。GD3Q-A/B 型彩色钻孔电视编辑界面如图 6-6 所示。

常见的 GD3Q-A/B 型彩色钻孔电视如图 6-7 所示，主要包括探头、控制器、

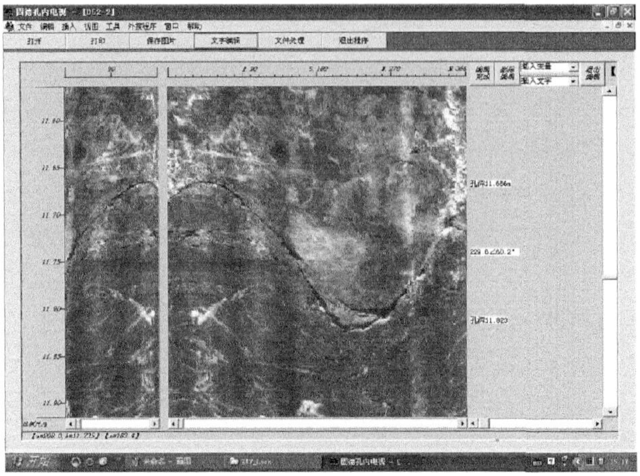

图 6-6　GD3Q-A/B 型彩色钻孔电视编辑界面

绞车架、电缆、计数器等。其测试窗口为 360°全孔观测，对所有的观察物都能全方位、全柱面地观测；是国内最先进的孔内电视，突破了孔内电视在水平孔和斜孔中对有关地质参数观测定量难这一技术难题；系统地实现了全孔视频图像实时展开与拼接，工作效率高，在施工过程中，实地观测结束后，所观测孔内数据与图随即完成。

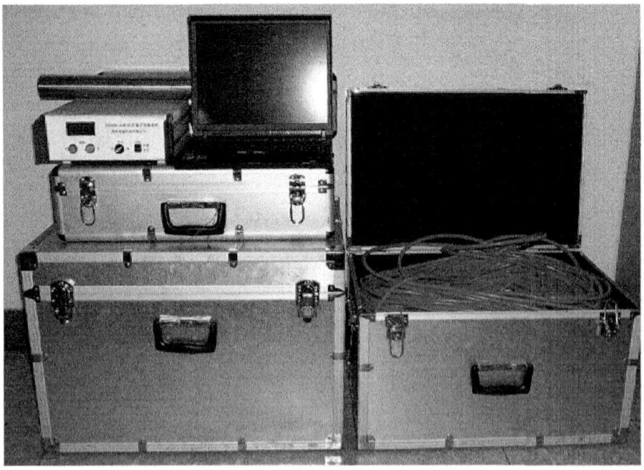

图 6-7　GD3Q-A/B 型彩色钻孔电视

6.3.2　矿井水动态监测与反馈机制

枣泉煤矿按照布局科学、高效便捷、先进实用、安全可靠的要求，建成了主排水泵房监控、环境安全监测监控、综采工作面设备监测、通信联络等矿井水管理信息化系统，实现了矿井主排水泵房水泵远程一键启停、水泵房无人值守、环境安全信息实时监控和精细化管理，充分发挥了信息技术在矿井水管理中保障安全、节约资源、降低成本、提高管控效率的作用。

枣泉煤矿从“保障安全、节约资源、降低成本、提高管控效率”的矿井水管理总体要求出发，对主排水系统和11采区排水系统进行改造，并配套建设完善关键部位以及各机房的通信联络系统和视频监控联动系统，实现了无人值守。

结合生产实际，枣泉煤矿在地面调度室采用远程集控技术实现了主排水泵房水泵一键启停；主排水泵房和11采区取水泵房通过技术改造，均实现无人值守。

矿井排水系统实施无人值守改造后，共计核减现场岗位操作工人21名，实现了设备数据采集离散化，设备控制集中化、智能化的目标；做到在调度中心进行设备操作，减少了现场操作人员，提高了安全管控系数，充分发挥了信息化带动煤矿安全生产的作用。

其中，顶板含水层水通过打探水钻孔进行监测。探水钻孔从地面一直打到工作面，采用冲洗液漏失量观测孔内水位，并在钻孔下部出口处布置监测测站，井底水仓储水测站布置在吸水井处，对水仓内水量、水质进行监测，同时根据水质进行相应的处理，确保水质达标。矿区水监测测站均位于排水水仓入口处，对每个位置排水进行监测与治理，根据水质进行相应的处理，确保水质达标。矿井水立体监测系统具体布置方式如图6-8所示。

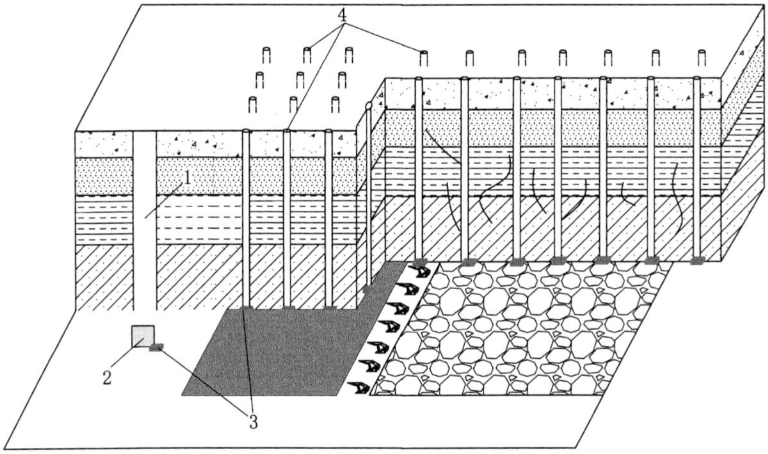

1—井筒；2—井底水仓；3—监测测站；4—探水钻孔。

图6-8 矿井水立体监测系统具体布置方案

针对矿井排水来源多、水质复杂、矿化度高等特征，对顶板涌水、巷道积水、工作面积水以及采空区积水进行了色度、矿化度、pH 值、浊度、总碱度、总硬度以及汞、砷、铬等有害物质的监测，建立了矿井水质动态监测与反馈机制；同时对井下环形水仓、临时水仓安装自动监测排水设备，完成对小水泵自动监测改造工程。

6.3.3 矿区地下水污染防控技术体系

矿区地下水污染防控技术体系主要由井上下污染源协同控制技术和水源监控及迁移路径阻隔技术共同组成。其中井上下污染源协同控制技术针对地面和井下污染源通过煤矸石再利用、表面固化处理、微生物改性、固废排放监控、矸石类型选择、矿井水质改良和微生物改性等手段进行控制，从而最大限度减少水源的污染；水源监控及迁移路径阻隔技术针对地表水源和地下水源通过河流污染监控、地表水源治理、井下涌水疏排、充填开采工艺、顶板裂隙注浆、再造隔水层和顶板铺防渗层的方法达到监控水源、控制水源迁移路径的目的。矿区地下水污染防控技术体系如图 6-9 所示。

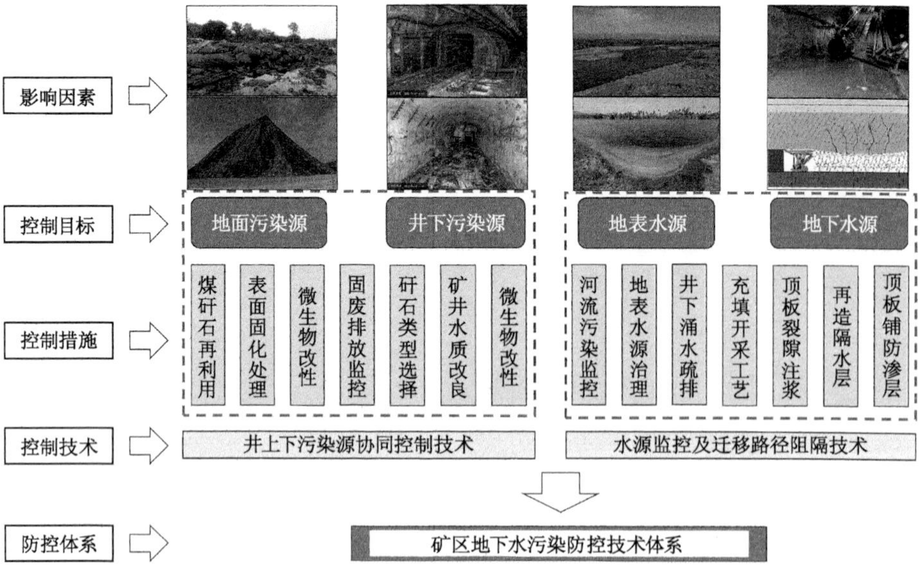

图 6-9 矿区地下水污染防控技术体系

第7章　宁东生态脆弱矿区矿井水资源化利用

7.1　宁东生态脆弱矿区分质供水、梯级利用的矿井水复用模式

结合矿井实际，宁东矿区枣泉煤矿逐步探索了一条符合自身特色的矿井水复用模式，即井下岩层顶板探放涌水＋矿井各类排水梯级利用模式(图7-1)。

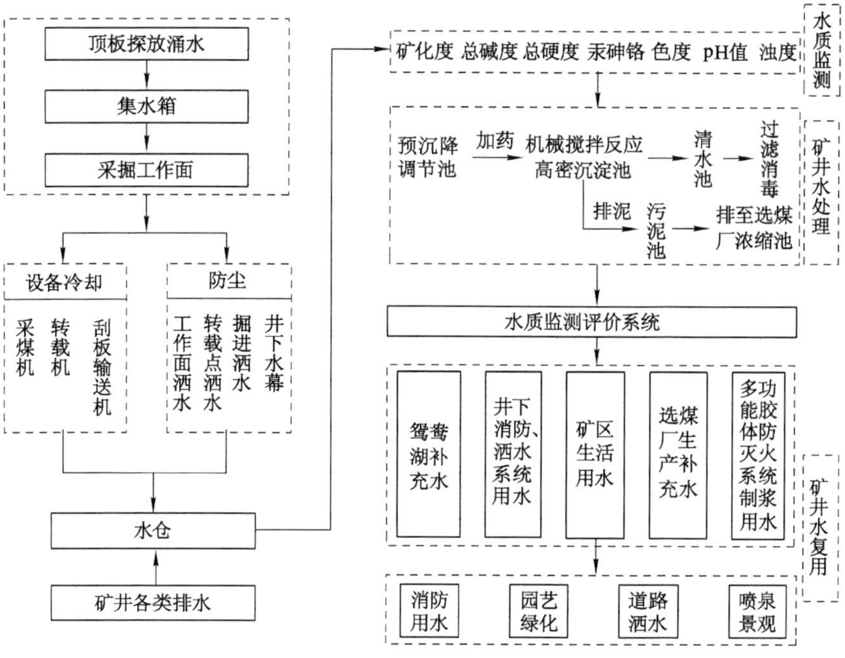

图7-1　矿井水复用途径

7.1.1 顶板探放涌水利用

根据地质勘探资料，枣泉煤矿在各采煤工作面辅助运输巷及掘进巷道指定地点，沿回采或掘进方向以 100 m 间距(局部受联络巷、调车硐室影响可调)施工顶板探放水钻孔，利用导水管将顶板涌水收集到专用的集水箱，这种首创的井下集水箱就是利用人工自制的铁制存储罐，实现转移、储存顶板探放涌水。集水箱收集的顶板涌水属于无污染的矿井水，被直接用于采掘工作面。其利用方式包括两个方面：一是喷雾降尘，主要作为采煤工作面或掘进工作面洒水、井下各转载点洒水以及各辅助运输巷、回风巷、运输巷的风流净化水幕；二是设备冷却，主要作为采煤工作面设备(采煤机、转载机、刮板输送机)冷却水使用。

7.1.2 矿井各类排水利用

矿井的各类排水通过矿井污水处理系统处理后实现循环利用。复用方式集中体现在以下五个方面：

一是鸳鸯湖补充水。枣泉煤矿周边有两个 10 000 m^2 的人工湖，受干燥气候影响，湖水蒸发量较大。被处理的矿井水经环保在线监测系统检验合格后，为枣泉煤矿周边鸳鸯湖提供水，及时补充湖水量，从根本上改善周围生态环境系统，形成矿区“周围美化圈”。

二是井下消防、洒水系统用水。井下消防、洒水系统实际就是煤矿井下给水系统。为了满足井下防灭火和洒水需要，枣泉煤矿将矿井水并入井下消防、洒水系统使用，极大节约了水耗。

三是多功能胶体防灭火系统制浆用水。为了对矿井火灾进行有效的预防和在紧急情况下反应快速，迅速控制火灾，减少灾害损失，枣泉煤矿建立了一套多功能胶体防灭火系统。整套系统运行需要大量的水，矿井水用于该系统较好地解决了系统制浆用水的问题。

四是选煤厂生产补充水。枣泉煤矿选煤厂选煤所用水量不断增加，造成水耗成本逐年上升。为解决选煤厂选煤用水的问题，应提高矿井水利用效率，实现节约资源、降本增效的目标。根据现场实际情况，经过集团公司有关部门协调，决定从污水处理站至选煤厂铺设一条 ϕ108 mm 的管路，完善现有管路系统，管路延伸至选煤厂配水点，彻底解决选煤厂选煤用水的问题。

五是矿区生活用水。枣泉煤矿按照因地制宜、见缝插针的绿化原则，在围墙四周种植浓密的行道树，在地下式的建构筑物上部覆土后种植草皮；将矿区办公楼和联建楼前作为重点进行绿化，并配置花坛、草坪、绿篱等，充分绿化和美化矿区环境。目前，矿区绿化面积为 1 820 m^2，绿化系数为 20%。矿区生活用水方面，矿井水主要作为矿区绿化用水，营造了优美和谐的生产生活环境，建成了矿区“中心美化圈”。另外，矿井水也被用于矿区的防灭火、景观喷水和道路的日常洒水等。

7.2 宁东生态脆弱矿区矿井水资源化利用工程实践

7.2.1 基于矿井水灌溉的采煤沉陷区复垦绿化技术

7.2.1.1 沉陷区矸石复垦的剖面构建

自然土壤水分在土壤剖面中的分布特征固然受降雨、植物根系活动、土壤质地等多种因素影响，但枣泉矿区常年干旱少雨，水分在土壤剖面的分配格局则受剖面构建材料性质自身的影响，受降雨等影响较小。

因此，结合宁东矿区枣泉煤矿周边土壤含砂量高、灰钙土有机质含量低的特点，提出了基于低有机质含量灰钙土的土壤剖面构建方法与数学模型，如图 7-2 所示。

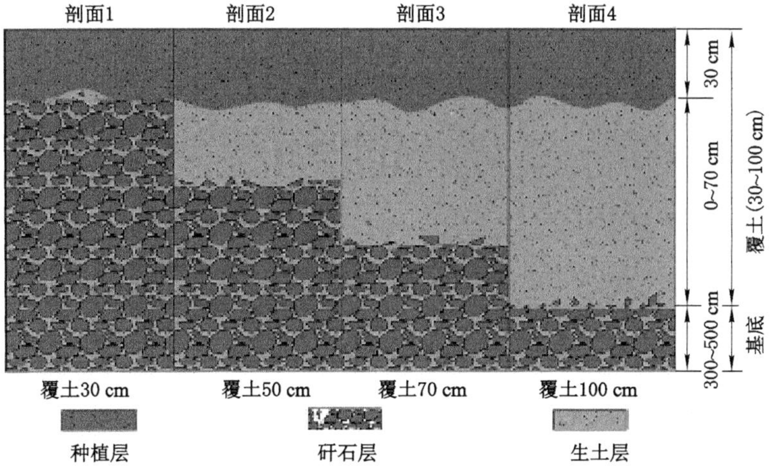

种植层：$B_i = A_{i+2} + tA_i$(底土)，$i < n-1$

$B_{n-1} = A_1 + tA_{n-1}$(底土)，$B_n = A_2 + tA_n$(底土)；

心土层：$B_n = A_n + tA_{n+1}$；

底土层：$B_n = A_n$。

图 7-2 低有机质含量灰钙土的土壤剖面构建方法与数学模型

7.2.1.2　矿区植被种类筛选

矿区植被种类的筛选是矿区生态恢复的重要问题，植被物种选择应尽量遵循“原样复垦”的基本原则。矿区种植的农作物、牧草、林木品种等一般要根据复垦土地的土壤评价状况和生态环境条件通过实验室模拟种植试验、现场种植试验、经验类比分析等方法来选择确定，主要原则如下：

① 选择的植被品种应生长快、产量高、适应性强、抗逆性好以及耐贫瘠；

② 优先选用能固定大气中氮的植被品种；

③ 尽量选用优良的当地品种或先锋品种，条件适宜时可以引进外来速生品种；

④ 在植被品种选择过程中，不仅要考虑其培肥土壤、稳定土壤、控制侵蚀、减少污染的作用，还要考虑其市场的需求和经济价值的高低，做到生态效益与经济效益的有机结合。

矿区植被恢复物种选择一般分为两种方法：一是以先锋品种为主（迅速固土），然后逐年补植其他抗性树种，辅以矿井水进行浇灌，并逐步发展生物的多样性，稳定生态系统；二是引入外来品种（稳固地表），利用矿井水构建人工水源，改善土壤环境以有利于土壤其他生物的进入。此外，利用乡土植物来恢复植被群落，对于矿区废弃地植被生态系统的恢复具有十分重要的作用。

枣泉煤矿属于温带干旱半干旱草原矿区，气候条件恶劣，土壤贫瘠。因此，进行植被选择时，宜选择耐寒性强、耗水量小、水保效益好、中等生长高度的品种。经过现场实际调查，结合多年研究经验，最终筛选出了甘草、油葵、啤酒花、枸杞、柠条、猫头刺等适生品种，枣泉煤矿优势复垦植被见表 7-1。

表 7-1　枣泉煤矿优势复垦植被

名称（学名）	科名	特性	用途	种植效果	图示
柠条（*Caragana korshinskii* Ko m.）	豆科	喜光、深根、耐寒、耐贫瘠，抗逆性强、适应力强，具有防风固沙、保持水土的功能	饲料、牧草	良	
枸杞（*Lycium barbarum* L.）	茄科	喜光、喜冷凉、耐旱、耐盐碱、扎根深。具有水土保持功能	制药、保健品、盆景观赏	中	

表 7-1(续)

名称(学名)	科名	特性	用途	种植效果	图示
甘草(*Glycyrrhiza uralensis* Fisch.)	豆科	喜光、耐旱、耐热、耐盐碱和耐寒	清热解毒,祛痰止咳	优	
啤酒花(*Humulus lupulus* L.)	桑科	对光照要求较高,一般生长于光照较好的山地林缘、灌丛或河流两岸的湿地,且是连片分布	果穗供制啤酒用,雌花可作药用	中	
油葵(*Helianthus annuus* Linn.)	菊科	一般适应性较强,抗旱耐盐碱,对土壤的要求不高	用于榨油,榨油残渣可作蛋白质饲料	良	
猫头刺(*Oxytropis aciphylla* Ledeb.)	豆科	性喜干旱和砂砾质基质,不耐水淹和盐渍化	饲料、绿肥、优良牧草	良	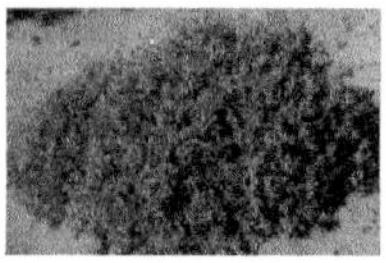
沙打旺(*Astragalus adsurgens* Pall.)	豆科	侧根发达、抗寒、抗旱、抗风沙、耐瘠薄,具有改良土壤功能	饲料、绿肥、优良牧草	优	
草木樨(*Melilotus officinalis* (L.) Pall.)	蝶形花科	抗碱、抗寒,具有水土保持功能	牧草、绿肥、饲料、制药、蜜源植物	优	
白花草木樨(*Melilotus albus* Medic. ex Desr)	豆科	抗旱耐旱,耐盐碱、耐瘠薄,适合湿润半干旱地区,不适于酸性土壤	优质饲料、绿肥、制药	优	
无芒雀麦(*Bromus inermis* Leyss)	禾本科	喜光、耐干旱,耐瘠薄、耐寒、耐放牧,适应性强,根系发达	优质牧草	优	

表 7-1(续)

名称(学名)	科名	特性	用途	种植效果	图示
紫花苜蓿(*Medicago sativa* L.)	豆科	适于半干旱气候,适应于碱性土壤,侧根发达	作为饲料、牧草、绿肥	良	
红豆草(*Onobrychis viciaefolia* Scop.)	豆科	耐干旱、耐寒,适应力强,根系发达	作为饲料、绿肥、蜜源植物	良	
沙棘(*Hippophae rhamnoides* L.)	胡颓子科	宜干旱、耐盐碱、耐风沙、耐瘠薄、根系发达,具有水土保持作用	用于制药、制果酱、制果汁,作为保健品	优	
沙枣(*Elaeagnus angustifolia* L.)	胡颓子科	抗旱、抗风沙、耐盐碱、耐贫瘠,生命力强,具有防风固沙功能	作为蜜源植物、优质饲料,用于酿酒、酿醋、制作果酱、制药	优	
新疆杨(*Populus alba* L. var. *pyramidalis* Bunge)	杨柳科	喜光、耐干旱、耐瘠薄、耐盐碱、扎根较深、生长快,具有较强的抗毒性气体能力和抗风能力	作为巷道树	优	
小黑杨(*Populus* X *xiaohei* T. S. Hwang et Liang)	杨柳科	喜光,喜冷湿气候,生长快,适应能力很强,抗寒、抗旱、耐瘠薄、耐盐碱	作为绿化造林树种、建筑原料,用于造纸	良	
刺槐(*Robinia pseudoacacia* L.)	豆科	喜光、抗旱、抗烟尘、耐盐碱,适应性强、根系发达,可吸收 SO_2	用于净化空气,作为巷道绿化树种、荒山先锋树种	良	

表 7-1(续)

名称(学名)	科名	特性	用途	种植效果	图示
合作杨(*Populus opera* Hsii.)	杨柳科	耐瘠薄、耐干旱、较耐严寒,适应性强	作为绿化树种	良	
旱柳(*Salix matsudana* Koidz.)	杨柳科	喜光、抗风、耐寒、耐干旱、耐贫瘠,根系发达、生长快、易繁殖,适应能力较强,具有防风固沙作用	用于制药以及作为蜜源树、巷道树、工业原料、建筑材料等	良	
油松(*Pinus tabuliformis* Carr.)	松科	喜光、喜干冷气候、抗瘠薄、抗风、耐寒、扎根深,具有杀菌作用	用于制药,以及作为巷道树、工业原料	中	

7.2.1.3 采煤与复垦一体化技术

黄土中具有的水云母、高岭石及蒙脱石等矿物,使黄土具有吸附、膨胀、收缩等特性。碳酸盐类矿物往往起胶结作用,使黄土在天然结构情况下,颗粒经常呈团聚体存在。遇水后,可溶盐胶结的团聚体被破坏,往往使黄土的湿陷性增强。灰钙土能保持水分和提高地温,可使土壤获得较高生产力,不断提高土壤肥力和作物产量。

因此,结合枣泉矿地面矸石堆积量大的特点,考虑到矸石山的处理问题,开发了"地表沉陷中及时回填黄土封堵地表裂缝—沉陷后回填矸石压实保墒保水—雨季回填灰钙土复垦"的一体化技术,如图 7-3 所示,以实现动态沉陷区井下开采与地表复垦有机结合。

工作面推进后地面产生的裂缝及时回填黄土封堵;沉陷区域及时回填矸石压实保墒保水,为植被生长创造必要条件;在雨季回填灰钙土复垦,进行沉陷区复垦后的植被种植;使用矿井水对复垦植被进行灌溉,辅助生态体系的建立,达到生态系统修复的目的。

7.2.2 基于矿井水灌溉的矸石场生态治理与修复技术

7.2.2.1 矸石场概况

枣泉煤矿矸石场体积和占地面积较大,造成区内土壤荒漠化、砂砾化,矸石

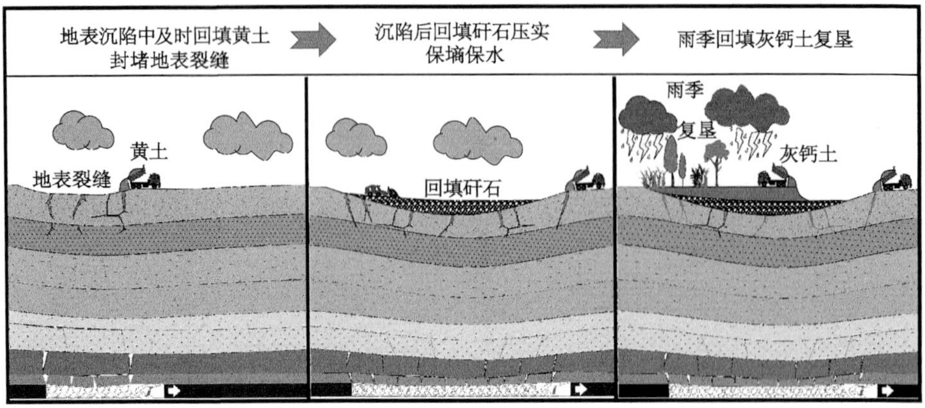

图 7-3　动态沉陷区采煤与复垦一体化

堆积形成的边坡坡度为 29°～42°，矸石基本裸露，仅局部覆土区域有少量植物生长。由于矸石堆高度较高，遇到大风天气时，无论任何方向起风，都能造成风蚀扬尘，邻近的建筑和道路粉尘厚度可达 2～5 mm，成为粉尘的物源地、大气质量的污染源（见图 7-4）。同时该矸石场紧靠马（家滩）～大（水坑）公路，严重影响了该交通干线两侧可视范围内原生的地形地貌景观。

图 7-4　枣泉煤矿矸石场

7.2.2.2　矸石场边坡稳定性评价

根据野外水土保持调查，矸石场堆积体边坡顶部未发现地表裂缝和坡体变形迹象，仅表层有浅层土体溜滑现象。主要原因是强降雨作用下边坡坡体表部松散土体渗水饱和，自重加大，抗剪切滑移能力下降。总体而言，定性判断边坡整体处于基本稳定状态，仅局部有小规模浅层溜滑，危险性小。

根据现场调查，该边坡周边无建（构）筑物，失稳危害程度不严重，属次要工程，边坡安全等级为三级。

该边坡由第四系人工矸石排弃料和粉细砂土组成，据该区域钻孔取样试验资料分析和综合邻近场地的经验数据，提出土体的物理力学参数建议值(表 7-2)。

表 7-2 土体的物理力学参数建议值

分层	天然重力密度/(kN/m³)	抗剪强度(天然状态)	
		黏聚力/kPa	内摩擦角/(°)
① 矸石(填料)(Q_4^{ml})	20.0	15	18
② 粉细沙(基底)(Q_4^{eol})	18.5	3	26

对该渣土质边坡进行稳定性评价，计算方法采用《建筑边坡工程技术规范》(GB 50330—2013)中推荐的圆弧滑动法公式(第 A.0.1 条)和平面滑动法公式(第 A.0.2 条)进行计算，稳定系数取两者的较小值。

(1) 计算参数的选取

计算参数的选取参照表 7-2。

(2) 计算工况的确定

结合边坡的工程特性和《建筑边坡工程技术规范》(GB 50330—2013)的规定，本次为天然状态工况计算。

(3) 计算剖面的选取

根据矸石场边坡工程地质情况，选取垂直或者近于垂直边坡(长轴、短轴)走向的剖面为边坡稳定性计算剖面。

(4) 稳定性计算评价

经验算，在天然工况条件下，各剖面边坡稳定系数分别为：1—1′剖面，Ks=1.039；2—2′剖面，Ks=1.061。根据《建筑边坡工程技术规范》(GB 50330—2013)第 5.3.1 和 5.3.2 条规定综合评价认为：枣泉煤矿矸石场边坡稳定性系数在 1.046～1.067，处于欠稳定至基本稳定状态，但考虑到坡体在强降雨作用下易发生局部滑塌或溜坡，建议采用一定的治理措施，如采用削坡措施消除滑塌或溜滑隐患。

7.2.2.3 *矸石场边坡治理*

(1) 渣台平整工程

平整矸石场顶部渣台，就势造坡，将台顶标高自东向西、自南向北降至合理高度。

(2) 削放坡工程

① 对坡面不稳定的陡坡进行适当整理，放缓坡度，一般将坡度控制在 30°以下，平台坡面按高宽比为 1∶1.75 进行坡面整平，实现坡体的基本稳定。需要回

图 7-7　干旱半干旱矿区荒漠生态系统植被修复效果

参考文献

[1] 陈荣华,白海波,冯梅梅.综放面覆岩导水裂隙带高度的确定[J].采矿与安全工程学报,2006,23(2):220-223.

[2] 都平平.生态脆弱区煤炭开采地质环境效应与评价技术研究[D].徐州:中国矿业大学,2012.

[3] 范钢伟.浅埋煤层开采与脆弱生态保护相互响应机理与工程实践[D].徐州:中国矿业大学,2011.

[4] 范立民.保水采煤的科学内涵[J].煤炭学报,2017,42(1):27-35.

[5] 顾大钊,张勇,曹志国.我国煤炭开采水资源保护利用技术研究进展[J].煤炭科学技术,2016,44(1):1-7.

[6] 国家安全监管总局,国家煤矿安监局,国家能源局,等.建筑物、水体、铁路及主要井巷煤柱留设与压煤开采规范[M].北京:煤炭工业出版社,2017.

[7] 侯恩科,车晓阳,冯洁,等.榆神府矿区含水层富水特征及保水采煤途径[J].煤炭学报,2019,44(3):813-820.

[8] 胡小娟,李文平,曹丁涛,等.综采导水裂隙带多因素影响指标研究与高度预计[J].煤炭学报,2012,37(4):613-620.

[9] 黄炳香,刘长友,许家林.采动覆岩破断裂隙的贯通度研究[J].中国矿业大学学报,2010,39(1):45-49.

[10] 黄庆享.浅埋煤层保水开采岩层控制研究[J].煤炭学报,2017,42(1):50-55.

[11] 黄庆享,蔚保宁,张文忠.浅埋煤层黏土隔水层下行裂隙弥合研究[J].采矿与安全工程学报,2010,27(1):35-39.

[12] 黄艳利,张吉雄,杜杰.综合机械化固体充填采煤的充填体时间相关特性研究[J].中国矿业大学学报,2012,41(5):697-701.

[13] 黄艳利,张吉雄,张强,等.充填体压实率对综合机械化固体充填采煤岩层移动控制作用分析[J].采矿与安全工程学报,2012,29(2):162-167.

[14] 靳德武,刘英锋,刘再斌,等.煤矿重大突水灾害防治技术研究新进展[J].煤炭科学技术,2013,41(1):25-29.

[15] 刘斌.超高水材料充填保水机理及安全开采技术研究[D].徐州:中国矿业大学,2014.
[16] 刘建功,赵利涛.基于充填采煤的保水开采理论与实践应用[J].煤炭学报,2014,39(8):1545-1551.
[17] 刘树才,刘鑫明,姜志海,等.煤层底板导水裂隙演化规律的电法探测研究[J].岩石力学与工程学报,2009,28(2):348-356.
[18] 刘永.生态脆弱区保水开采高沙充填材料的研究[D].西安:西安科技大学,2017.
[19] 栾元重,李静涛,班训海,等.近距煤层开采覆岩导水裂隙带高度观测研究[J].采矿与安全工程学报,2010,27(1):139-142.
[20] 马立强,张东升,金志远,等.近距煤层高效保水开采理论与方法[J].煤炭学报,2019,44(3):727-738.
[21] 缪协兴,陈荣华,白海波.保水开采隔水关键层的基本概念及力学分析[J].煤炭学报,2007,32(6):561-564.
[22] 缪协兴,黄艳利,巨峰,等.密实充填采煤的岩层移动理论研究[J].中国矿业大学学报,2012,41(6):863-867.
[23] 缪协兴,巨峰,黄艳利,等.充填采煤理论与技术的新进展及展望[J].中国矿业大学学报,2015,44(3):391-399,429.
[24] 缪协兴,钱鸣高.中国煤炭资源绿色开采研究现状与展望[J].采矿与安全工程学报,2009,26(1):1-14.
[25] 缪协兴,王安,孙亚军,等.干旱半干旱矿区水资源保护性采煤基础与应用研究[J].岩石力学与工程学报,2009,28(2):217-227.
[26] 缪协兴,王长申,白海波.神东矿区煤矿水害类型及水文地质特征分析[J].采矿与安全工程学报,2010,27(3):285-291,298.
[27] 钱鸣高,缪协兴,许家林.资源与环境协调(绿色)开采及其技术体系[J].采矿与安全工程学报,2006,23(1):1-5.
[28] 钱鸣高,石平五,许家林.矿山压力与岩层控制[M].2版.徐州:中国矿业大学出版社,2010.
[29] 钱鸣高.岩层控制与煤炭科学开采文集[M].徐州:中国矿业大学出版社,2011.
[30] 任予鑫,马昆.枣泉煤矿煤层顶板孔隙性砂岩水钻孔集渗效果分析与研究[J].价值工程,2018,37(23):174-176.
[31] 王双明,黄庆享,范立民,等.生态脆弱矿区含(隔)水层特征及保水开采分区研究[J].煤炭学报,2010,35(1):7-14.

[32] 王晓振，许家林，韩红凯，等. 顶板导水裂隙高度随采厚的台阶式发育特征[J]. 煤炭学报，2019，44(12)：3740-3749.
[33] 许家林. 煤矿绿色开采[M]. 徐州：中国矿业大学出版社，2011.
[34] 许家林，钱鸣高. 绿色开采的理念与技术框架[J]. 科技导报，2007，25(7)：61-65.
[35] 许家林，王晓振，刘文涛，等. 覆岩主关键层位置对导水裂隙带高度的影响[J]. 岩石力学与工程学报，2009，28(2)：380-385.
[36] 许家林，朱卫兵，王晓振. 基于关键层位置的导水裂隙带高度预计方法[J]. 煤炭学报，2012，37(5)：762-769.
[37] 袁亮. 煤炭精准开采科学构想[J]. 煤炭学报，2017，42(1)：1-7.
[38] 翟文，马昆，任予鑫. 梅花井煤矿井下水害分析及其治理措施[J]. 价值工程，2016，35(27)：131-133.
[39] 翟文，马昆，任予鑫. 梅花井煤矿矿井水管理及其复用模式探索[J]. 价值工程，2016，35(30)：16-17.
[40] 张东升，李文平，来兴平，等. 我国西北煤炭开采中的水资源保护基础理论研究进展[J]. 煤炭学报，2017，42(1)：36-43.
[41] 张吉雄，李剑，安泰龙，等. 矸石充填综采覆岩关键层变形特征研究[J]. 煤炭学报，2010，35(3)：357-362.
[42] 张杰，侯忠杰. 榆树湾浅埋煤层保水开采三带发展规律研究[J]. 湖南科技大学学报(自然科学版)，2006，21(4)：10-13.
[43] 中华人民共和国住房和城乡建设部. 建筑边坡工程技术规范：GB 50330—2013[S]. 北京：中国建筑工业出版社，2014.